院士解锁中国科技

建筑卷

刘加平 主笔

打开奇妙的房子

主编单位：中国编辑学会　中国科普作家协会

中国少年儿童新闻出版总社
中国少年兒童出版社
北　京

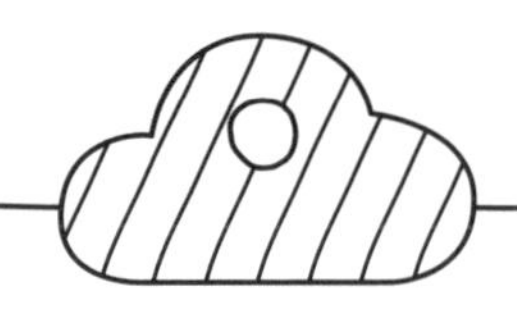

图书在版编目（CIP）数据

打开奇妙的房子 / 刘加平主笔. -- 北京 : 中国少年儿童出版社, 2023.12
（院士解锁中国科技）
ISBN 978-7-5148-8465-4

Ⅰ. ①打… Ⅱ. ①刘… Ⅲ. ①建筑科学－少儿读物 Ⅳ. ①TU-49

中国国家版本馆CIP数据核字(2023)第240063号

DAKAI QIMIAO DE FANGZI
（院士解锁中国科技）

出版发行：中国少年儿童新闻出版总社 中国少年儿童出版社
执行出版人：王小鲲

责任编辑：王小鲲　祝　薇　秦　静　叶　丹　　封面设计：许文会
美术编辑：杨晓霞　　版式设计：施元春
责任校对：刘　颖　　形象设计：冯衍妍
插　　图：木星插画　赵　川　张晓君　　责任印务：刘　潋

社　　址：北京市朝阳区建国门外大街丙12号　　邮政编码：100022
编 辑 部：010-57526671　　总 编 室：010-57526070
客 服 部：010-57526258　　官方网址：www.ccppg.cn

印刷：北京利丰雅高长城印刷有限公司

开本：720mm×1000mm 1/16　　印张：9.5
版次：2023年12月第1版　　印次：2023年12月第1次印刷
字数：200千字　　印数：1—10000册

ISBN 978-7-5148-8465-4　　定价：45.00元

图书出版质量投诉电话：010-57526069，电子邮箱：cbzlts@ccppg.com.cn

“院士解锁中国科技”丛书编委会

总顾问

邬书林　杜祥琬

主　编

周忠和　郝振省

副主编

郭　峰　胡国臣

委　员

（按姓氏笔画排列）

王　浩　王会军　毛景文　尹传红

邓文中　匡廷云　朱永官　向锦武

刘加平　刘吉臻　孙凝晖　张晓楠

陈　玲　陈受宜　金　涌　金之钧

房建成　栾恩杰　高　福　韩雅芳

傅廷栋　潘复生

本书创作团队

主　笔

刘加平

创作团队

（按姓氏笔画排列）

王登甲　成　辉　李　欣　陈景衡

党雨田　陶　毅　董　晓

“院士解锁中国科技”丛书编辑团队

项目组组长

缪　惟　郑立新

专项组组长

胡纯琦

文稿审读

何强伟　陈　博　李　橦　李晓平　王仁芳　王志宏

美术监理

许文会　高　煜　徐经纬　施元春

丛书编辑

（按姓氏笔画排列）

于歆洋　万　頔　马　欣　王　燕　王小鲲　王仁芳　王志宏　王富宾　尹　丽　叶　丹

包萧红　冯衍妍　朱　曦　朱国兴　朱莉荟　任　伟　邬彩文　刘　浩　许文会　孙　彦

孙美玲　李　伟　李　华　李　萌　李　源　李　橦　李心泊　李晓平　李海艳　李慧远

杨　靓　杨　蒙　余　晋　张　颖　张　璐　张颖芳　陈亚南　罗　蔚　金银銮　柯　超

施元春　祝　薇　秦　静　徐经纬　徐懿如　殷　亮　高　煜　曹　靓　曹　媛　彭　琳

韩春艳　赫惠倩

前　言

“院士解锁中国科技”丛书是一套由院士牵头创作的少儿科普图书，每卷均由一位或几位中国科学院、中国工程院的院士主笔，每位都是各自领域的佼佼者、领军人物。这么多院士济济一堂，亲力亲为，为少年儿童科普作品担纲写作，确为中国科普界、出版界罕见的盛举！

参与这套丛书领衔主笔的诸位院士表达了让人不能不感动的一个心愿：要通过这套科普图书，把科技强国的种子，播撒到广大少年儿童的心田，希望他们成长为伟大祖国相关科学领域的、继往开来的、一代又一代的科学家与工程技术专家。

主持编写这套丛书的中国少年儿童新闻出版总社是很有眼光、很有魄力的。在这些年我国少儿科普主题图书出版已经很有成绩、很有积累的基础上，他们策划设计了这套集约化、规模化地介绍推广我国顶级高端、原创性、引领性科技成果的大型科普丛书，践行了习近平总书记关于“科技创新、科学普及是实现创新发展的两翼，要把科学普及放在与科技创新同等重要的位置”的重要思想，贯彻了党的二十大关于“教育强国、科技强国、人才强国”的战略要求，将全民阅读与科学普及相结合，用心良苦，投入显著，其作用和价值都让人充满信心。

这套丛书不仅内容高端、前瞻，而且在图文编排上注意了从问题入手和兴趣导向，以生动的语言讲述了相关领域的科普知识，充分照顾到了少年儿童的阅读心理特征，向少年儿童呈现我国科技事业的辉煌和亮点，弘扬科学家精神，阐释科技对于国家未来发展的贡献和意义，有力地服务于少年儿童的科学启蒙，激励他们树立逐梦科技、从我做起的雄心壮志。

院士团队与编辑团队高质量合作也是这套高新科技内容少儿科普图书的亮点之一。中国少年儿童新闻出版总社集全社之力，组织了 6 个出版中心的 50 多位文、美编辑参与了这套丛书的编辑工作。编辑团队对文稿设计的匠心独运，对内容编排的逻辑追溯，对文稿加工的科学规范，对图文融合的艺术灵感，每每都能让人拍案叫绝，产生一种“意料之外、情理之中”的获得感。

丛书在编写创作的过程中，专门向一些中小学校的同学收集了调查问卷，得到了很多热心人士的大力帮助，在此，也向他们表示衷心的感谢！

相信并祝福这套大型系列科普图书，成为我国少儿主题出版图书进入新时代的一个重要的标本，成为院士亲力亲为培养小小科学家、小小工程师的一套呕心沥血的示范作品，成为服务我国广大少年儿童放飞科学梦想、创造民族辉煌的一部传世精品。

郝振省

中国编辑学会会长

前　言

科技关乎国运，科普关乎未来。

一个国家只有拥有强大的自主创新能力，才能在激烈的国际竞争中把握先机、赢得主动。当今中国比过去任何时候都需要强大的科技创新力量，这离不开科学家创新精神的支撑。加强科普作品创作，持续提升科普作品原创能力，聚焦“四个面向”创作优秀科普作品，是每个科技工作者的责任。

科普读物涵盖科学知识、科学方法、科学精神三个方面。“院士解锁中国科技”丛书是一套由众多院士团队专为少年儿童打造的科普读物，站位更高，以为中国科学事业培养未来的“接班人”为出发点，不仅让孩子们了解中国科技发展的重要成果，对科学产生直观的印象，感知“科技兴则民族兴，科技强则国家强”，而且帮助孩子们从中汲取营养，激发创造力与想象力，唤起科学梦想，掌握科学原理，建构科学逻辑，从小立志，赋能成长。

这套丛书的创作宗旨紧跟国家科技创新的步伐，遵循“知识性、故事性、趣味性、前沿性”，依托权威专业、阵容强大的院士团队，尊重科学精神，内容细化精确，聚焦中国科学家精神和中国重大科技成就。在创作中，院士团队遵循儿童本位原则，既确保了科学知识内容准确，又充分考虑了少年儿童的理解能力、认知水平和审美需求，深度挖掘科普资源，做到通俗易懂。丛书通过一个个生动的故事，充分体现出中国科学家追求真理、解放思想、勤于思辨的求实精神，是中国科学家将爱国精神与科学精神融为一体的生动写照。

为确保丛书适合少年儿童阅读，院士团队与编辑团队通力合作。在创作过程中，每篇文章都以问题形式导入，用孩子们能够理解的语言进行表达，让晦涩的知识点深入浅出，生动凸显系列重大科技成果背后的中国科学家故事与科学家精神。同时，这套丛书图文并茂，美术作品与文本相辅相成，充分发挥美术作品对科普知识的诠释作用，突出体现美术设计的科学性、童趣性、艺术性。

面对百年未有之大变局，我们要交出一份无愧于新时代的答卷。科学家可以通过科普图书与少年儿童进行交流，实现大手拉小手，培养少年儿童学科学、爱科学的兴趣，弘扬自立自强、不断探索的科学精神，传承攻坚克难的责任担当。少儿科普图书的创作应该潜心打造少年儿童爱看易懂的科普内容，着力少年儿童的科学启蒙，推动其科学素养全面提升，成就国家未来创新科技发展的高峰。

衷心期待这套丛书能够获得广大少年儿童朋友的喜爱。

周忠和

中国科学院院士

中国科普作家协会理事长

写在前面的话

无论在城市还是在乡村，建筑都是随处可见的。难怪有的同学会说：建筑，我们再熟悉不过了，有什么新鲜的？

眼前这本书，也许会刷新你对建筑这个“老熟人”的认识哟！

你知道吗？建筑看起来似乎冷冰冰，其实它是有生命的。建筑在老百姓眼里就是房子，主体结构就像骨架，墙壁就像肌肉，地板、天花板和墙壁里看不见的各种管线就像消化系统，为我们输送日常生活所必需的水、电、天然气等，并消化我们生活产生的废水等。房子就像一位巨人，一刻不停地工作着，让我们可以在里面舒适地学习、工作和生活。

你知道吗？在一个城市，建筑有时候看起来千篇一律，而具体到每一栋建筑，又是“百花齐放”，充满个性。你看，北京的四合院，四四方方的，夏天可以遮阴纳凉，冬天可以避风采光；草原的蒙古包，像白白的大蘑菇，拆装简单，方便牧民搬家；西双版纳的吊脚楼，像踩着高跷，轻盈透气，躲开蚊虫；福建山区的土楼，像巨大的甜甜圈，对外封闭坚实可以抵御盗贼，对内开放方便交流往来……

你知道吗？优秀的建筑不仅是人类的庇护所，还是高超的艺术品。人类建造房子，最初只是为了栖身，为了躲避野兽、恶劣天气的影响。随着人类文明的发展，建筑早已成为文化和审美的结晶。壮丽恢宏的北京故宫、细腻温婉的苏州园林……这些古代建筑艺术的瑰宝自不必说。20 世纪以来，张锦秋院士主持设计的陕西历史博物馆、贝聿铭院士设计的苏州博物馆、何镜堂院士主持设计的上海世博会“东方之冠”中国馆、中国人亲手设计建造的中国最大的机场大兴国际机场……它们也都已经成为“凝固的音乐”“立体的画”。

关于建筑的更多秘密都藏在这本 “院士解锁中国科技”丛书建筑卷《打开奇妙的房子》里。书中的内容从祖先居住的山洞讲到火星上的房子，从“会奏乐”的中国古代建筑讲到纯玻璃建造的房子，从盖房子的机器人讲到中国建筑中的“巨人”，从我国特色地域性乡村建筑讲到充满高科技的未来的房子……共包含 17 个主题方向，覆盖了建筑的方方面面。

在书中，我和几位从事研究工作的叔叔阿姨，用尽可能通俗易懂的语言，带你认识不同类型的建筑，探索古代建筑奇迹的技术和工艺，揭示现代建筑的创新之处；跟随建筑师和工程师的足迹，了解他们如何将构想变成现实；探讨建筑的未来，畅想“有感觉、会呼吸、有记忆、会思考”的高科技智慧建筑。

同学们，随着人类社会的不断发展，不可再生资源的消耗巨大，排放的各种废弃物对地球环境造成了巨大压力。党的二十大报告中强调，要“建设宜居宜业和美乡村”，要“打造宜居、韧性、智慧城市”。希望你们好好学习，长大后早日加入绿色建筑、智慧建筑的科研队伍。说不定，在火星上建房子的梦想就将由你来实现呢！

刘加平

中国工程院院士

中国建筑学会副理事长

目录

快跟着逗铲,
一起去建筑的世界
看看吧!

我们的祖先
最早只住在
山洞里吗？

你知道亚洲黑熊常在哪里冬眠吗？

有四个选择项：树林、山洞、地洞、水洞。

对了，答案是：山洞。

其实，我们的祖先曾经也像亚洲黑熊一样住在天然洞穴里呢。不过，除了山洞，他们还会住在一些你意想不到的地方。

因为天然洞穴数量有限，也不是哪里都能找到的，于是，一部分人类祖先只好寻找其他合适的住处。

你知道草原上的土拨鼠吗？

草原上少有天然洞穴，土拨鼠就靠自己的利爪来挖洞。

很久以前，一些人类也像土拨鼠一样，在地上挖掘洞穴，这种挖出来的洞，冬暖夏凉。这就是“穴居”最早的样子。

你可能会说，这不就是地窖嘛，不稀奇。

别着急，接下来的住处，一定很少有人知道。

你见过建在树上的鸟巢吗?

对，一些人类也学鸟儿那样，在树杈上建“巢”，这就是“巢居”最早的样子。那时候人类还没有先进的防御工具，经常会遭遇猛兽的侵袭，把房子建在树上就安全多啦。是不是很新奇?

在南方潮湿炎热的地区，茂密的树叶可以帮助“树屋”里的人们躲开火辣辣的太阳，减少雨水进入。微风吹进通透的树屋，那叫一个凉爽。只可惜，人类没有长翅膀，住树屋上上下下还是很不方便的。

随着人类的进化、文明的发展，单纯躲避寒暑风雨、提防虫蛇猛兽的房子，已经不能满足人们的需求，于是，他们制造建筑工具，研究建筑技术，开始在地上建造房屋。

在建造房子的过程中，人们越来越有智慧。如今，建筑的类型和用途多种多样，有家庭住宅、办公建筑、商业建筑、旅游建筑、科教文卫建筑、通信建筑、交通运输建筑等。人们在各种各样的房子里生活得越来越方便和舒适。

但是，你知道吗？人类为了建造、使用这些房子，每年都要消耗大量的自然资源。如何使房子更“绿色”呢？

中国科学家传承并发展古代“穴居”“巢居”的生态经验，在打造绿色建筑方面做了大量的研究和尝试，为节约自然资源、减少二氧化碳排放，做出了非常重要的贡献。

为了打造绿色建筑，中国科学家做了哪些研究和尝试呢？

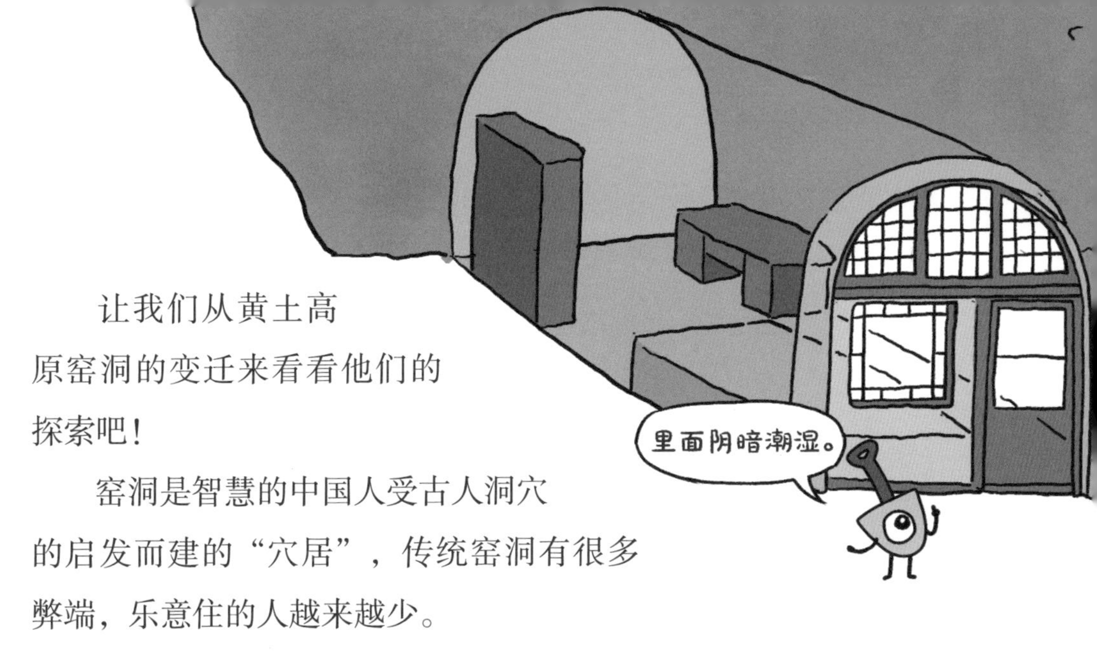

让我们从黄土高原窑洞的变迁来看看他们的探索吧！

窑洞是智慧的中国人受古人洞穴的启发而建的“穴居”，传统窑洞有很多弊端，乐意住的人越来越少。

以 20 世纪 90 年代陕北延安的窑洞为例，那时的窑洞内部阴暗潮湿、空气质量差、空间单调、功能混乱，甚至没有固定上厕所的地方。

这么差的条件，谁会愿意一直住在那里呢？

中国工程院刘加平院士和他的团队决定设计一种新型窑洞。

为了了解最真实的窑洞居住状况，他们需要在一年当中最冷的三个月和最热的三个月里，在没有暖气和空调的情况下，每天进行室内温度测量与记录。

这一测就是五年！

这些测量数据，为科研人员掌握旧窑洞的缺陷，以及克服这些缺陷、开展新型窑洞设计，提供了珍贵的第一手资料。

构建新型窑洞，最大的挑战在于，如何在有限的空间与简单的结构基础上，使窑洞既能满足使用功能，又能让居住

刘加平院士

环境更舒适，同时还保留其独有的地域风貌。

经过几年艰苦努力，在刘加平院士团队的指导下，陕北延安枣园陆续建成三批新型绿色窑居。

刘院士团队把传统窑洞改成了带“阳光间”的双层新式窑洞，大大提高了采光率。为解决建筑后部采光和通风不良的问题，刘院士团队在后部设立通风采光井，既弥补了后部采光，又改善了室内的空气质量。如果你到陕北来，住进这些新建的绿色窑居，一定会像回到家一样，卧室、客厅、餐厅、厨房、卫生间，样样齐全，整洁明亮，不用空调也能冬暖夏凉，空气清新，这就是现代的“穴居”，是不是很厉害呀？

现代“巢居”也不逊色！

2008 年 5 月 12 日，四川省阿坝藏族羌族自治州汶川县境内发生 8.0 级地震，造成大量人员伤亡与大面积房屋倒塌。

如何快速为灾民重建坚固的房子，让他们安居乐业呢？

刘加平院士带领团队再次出发了。

看到昔日明亮的教室只剩下残垣断壁，宽阔的马路支离破碎……刘加平院士暗暗立下“军令状”：一定要为灾区的人们建造一个安全坚固、功能齐全、环境友好的生态家园。

灾后重建团队不顾满山蚊虫的袭扰、生活环境的窘迫，以及随时可能发生的余震和落石。他们咬紧牙关，不畏艰险，饿了就吃口泡面，困了就躺在板房里休息片刻，每个人身上都满是虫包。

仔细分析震后的房屋，刘加平院士团队发现，传统的木构民居只歪不倒，而大量砖瓦房几乎无一幸存。

如果用强度更高、韧性更好、重量更轻的钢材作为房子的骨架，不就更加抗震了吗？

而木头就像搭建巢居用的树枝一样，透气性更好，不就更加适合川西地区潮湿闷热的气候吗？

于是，钢—木结构的新型川西民居应运而生。

刘院士团队还充分利用当地土、石、

木、瓦、竹等建筑材料，降低了建筑材料的加工成本；他们还在房子外墙中加入现代保温板，这样一来，房子就像穿了一层保暖衣服。冬天，人们住在屋内更加暖和，也不必额外取暖，这样就减少了二氧化碳的排放，保护了当地的生态环境。

从传统窑洞到现代新型绿色窑居，从传统巢居到现代新型川西民居，建筑的发展凝结着科学家的智慧和汗水。

未来，人们又会住在哪里呢？太空？火星？月球？

同学们，开动脑筋，尽情想象，未来等你去探索哟！

你知道
故宫有多牛吗?

如果说故宫很牛，你一定会举双手赞成。故宫是明清两个朝代的皇宫，有着600多年的历史。

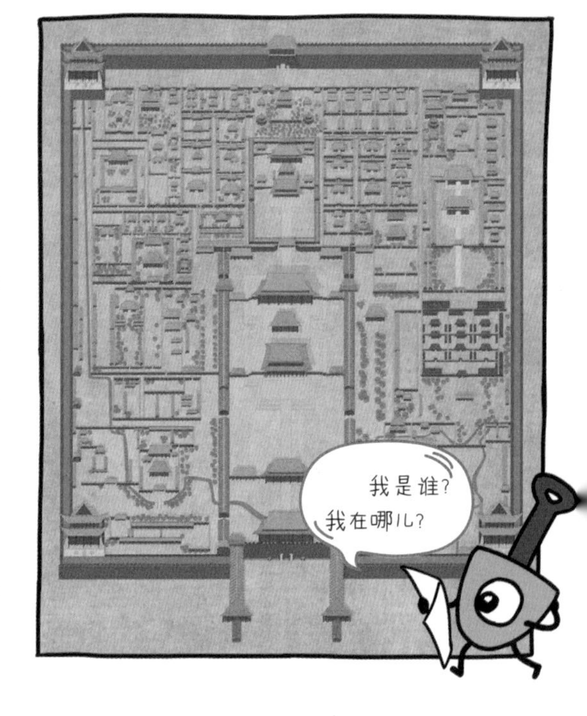

仅从建筑这方面展开就能让你瞠目结舌。

第一，建筑群规模牛。

故宫是我国现存最大的传统木构建筑群，相当于100多个标准足球场那么大，有近万间房间。

你也许会想，这些古代的木头大房子，除了规模大，还有什么特别的呢？

第二，建筑技术牛。

与西方石头建筑不同，中国传统建筑大部分是用木头搭起来的。

故宫就用了一整套木构技术，这套技术影响了整个亚洲的建筑技术发展。这里面，使用了好多先进的技术。

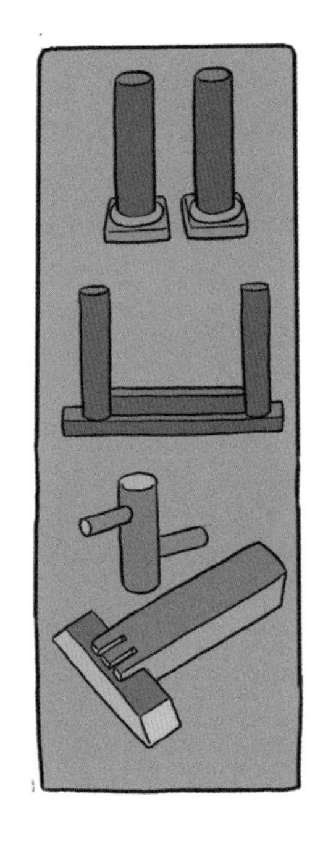

首先，像搭积木一样拼搭房子。

故宫用的大小木材都是一批一批提前做好的，然后再运到现场搭建。而且，这些木材，以及石材、砖、瓦等其他建筑材料的造型简洁统一，能灵活组合，拼搭出几十种大小不等、用途不同的房子，这使得建造方便快速。

在现代，这被称为“模数化”设计技术。要知道，这项技术到19世纪末才在现代建筑中普遍使用，故宫足足早了400多年！

其次，让梁柱起到“中梁砥柱”的作用。

故宫建筑通过木材独有的榫卯连接技术，用精美的“斗拱”巧妙连接梁、柱、枋，让梁、柱一起使劲撑住房子。

小贴士

榫卯是木质构件之间相互连接的一种方式。凸出部分叫榫，凹进部分叫卯。榫和卯咬合，便将木质构件连接在一起。榫卯连接技术应用于建筑、家具、生产工具等方面。

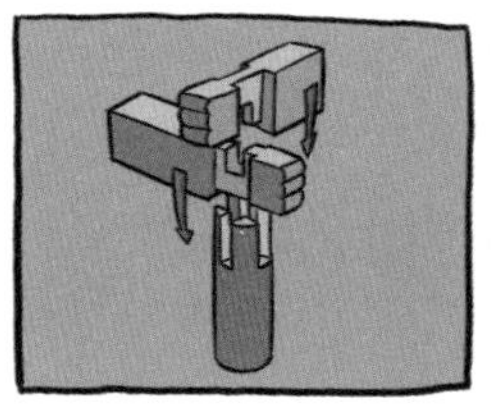

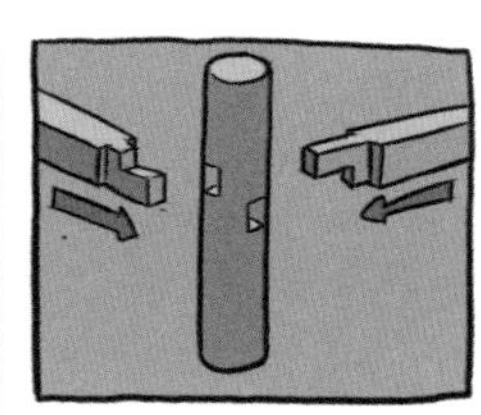

与用墙来支撑房子的砖石结构相比，木构框架可以节省用材，重量还轻，因此建筑灵活、轻盈，同时还有非常强的抗震能力。在现代，这被称为“框架式”结构技术。要知道，这项技术到20世纪初，钢筋混凝土、钢材普及后才被现代建筑广泛采用，故宫足足早了500年！

再次，让各种材料团结起来，发挥力量。

故宫的主要建筑材料——木材，能和砖、石、瓦、土等各种其他材料协同组合，再通过“间—房—院”的层次，组合出群体恢宏的效果。

不仅如此，故宫后面的景山，旁边的什刹海，也是从故宫延伸出来的。山、城、水交相辉映，天、地、人和谐美好。

更了不起的是，从故宫中轴线延伸出来的整个北京城，被称为“在地球表面上，人类最伟大的个体工程”。

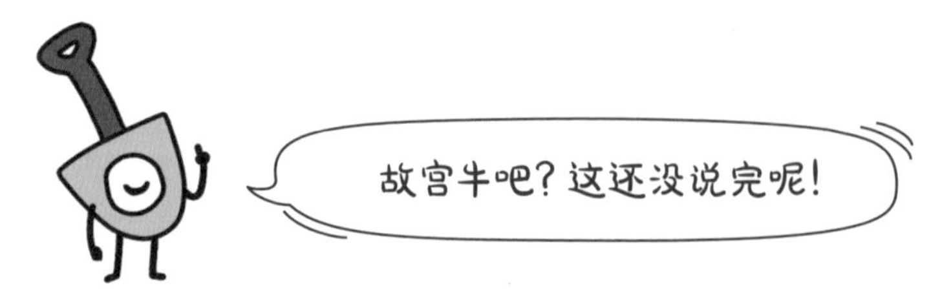

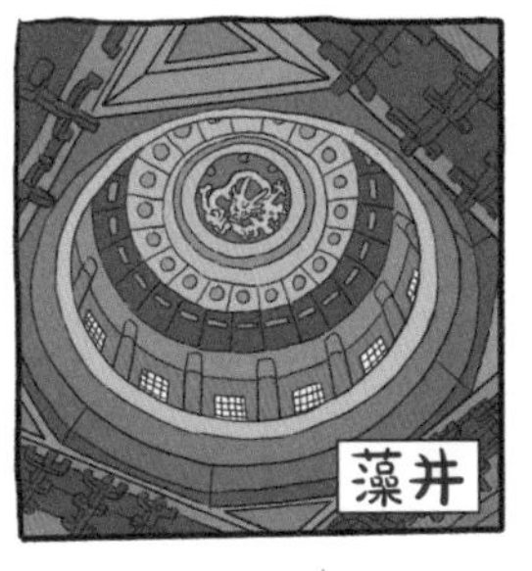

故宫屋面上有各种琉璃瓦、青瓦、屋脊与脊兽；屋檐下有梁、椽、檩、额枋、垂花、斗拱；屋里抬头就能看到藻井……还有宫殿与亭台楼阁的布局，以及那些看不到又特别专业的采暖系统、防火系统……故宫里可是蕴藏着我们国家几千年积淀的建筑智慧。

曾经，世界看不到，更瞧不上中国的这些传统建筑。有人甚至认为中国的木构建筑低劣、原始，没有内涵。

曾经，很多和故宫一样优秀的古建筑被弃之不用，任其荒废，一片狼藉。有些甚至遭到人为的破坏。

更糟的是，中国人想要了解老祖宗流传下来的建筑文化，还要查找国外的书籍和资料。甚至还有人说，要看唐朝建筑，只能去日本。

为了打破这些偏见，中国第一代建筑大师、清华大学建筑系的创始人梁思成暗暗下定决心：“中国人一定要研究自己的建筑，中国人一定要写出自己的建筑史。”

于是，梁思成和夫人——同为建筑学家的林徽因，放弃优越的生活条件与工作机会，离开安逸的书斋，颠沛流离，辗转在中国各地，一个一个地搜寻、发掘、整理中国的传统建筑。

从 1931 年到 1937 年，他们走遍了 15 个省份，200 多个县，调查研究了 2700 多处古建筑。

他们躲战乱，避土匪，随时都有可能丢掉性命。跟生命危险相比，累已经不算什么了。

有一次，梁思成和林徽因到龙门石窟考察，回到旅店已经筋疲力尽了。本打算早点休息，可当林徽因刚把床单铺上，立刻就落了“一层沙土”。她抖落之后，转眼间又是一层。

她靠近仔细一看：这哪里是沙土，这是密密麻麻成千上万只跳蚤呀！不禁吓得起了一身鸡皮疙瘩。这一夜，他们在人蚤

好高啊！

为了测量木塔塔顶接近 4 层楼高的塔刹，看上去文弱的梁思成，像个武林高手一样，拽着年久失修、断裂垂落下来的铁链，勇敢地往上爬。

大战中辗转反侧。

在龙门石窟考察了四天，他们就与跳蚤交战了四夜。

在五台山佛光寺考察时，他们对大殿阁楼里趴着的几千只蝙蝠，以及数不清的专靠吸食蝙蝠血为生的臭虫视而不见。他们戴上口罩，爬上顶棚，踩着几寸厚、像棉花一样的千年尘土，在难耐的灰尘和臭气中测量、画图和拍照。

当他们完成工作，从屋檐下钻出来打算呼吸几口新鲜空气时，才发现每个人的背包和衣服里都爬满了臭虫，身体也被叮咬了很多大包。

然而，这丝毫没有打击他们的热情。要知道，正是这次考察，让他们终于找到了当时中国大地上年代最为久远，且是唯一的唐代木构建筑。

自此，“要看唐朝建筑，只能去日本”的说法不攻自破。

梁思成的著作《中国建筑史》里那些精美的手稿，就是在这样一次次的实地考察后，一张一张绘制出来的。

可惜的是，1942 年前后，大量图纸因为洪水几乎都泡汤了，很少掉眼泪的梁思成哭得特别难过。

梁思成决定重新绘制手稿，并开始全面系统地总结整理他们的调查成果。

在四川宜宾市李庄潮湿阴暗的小屋中，梁思成和他的助手整天伏案绘图，夜晚全靠一盏菜油灯照明。画图时，由于背疼的毛病，梁思成的头几乎抬不起来，时常要找个花瓶来支撑下巴。

中国第一代建筑大师梁思成

就这样，用了两年的时间，梁思成终于完成了中国人自己写的第一部《中国建筑史》，系统而完善地分析了中国的古代建筑史和近现代建筑史，成为建筑学科的开山之作。

同学们，期待你们参观故宫或其他中国古建筑时，能够读懂其背后博大精深的中华文化，并为之自豪。

火星上
能建房子吗?

在浩瀚无边的宇宙中，人类殷切地希望登上火星，把火星变成人类的另一个地球。

因为，火星是太阳系中与地球最相似的星球。

火星与地球一样，都位于太阳系的宜居带，有公转和自转，也有明显的四季更替，这些对于人类来说简直太熟悉了。

而且火星也是与地球相对距离最近的行星。

非常重要的一点是，科学家已经发现火星上隐藏着大量水资源。如果能将这些水提取出来，足以滋养生命。

非常有趣的一点是，火星上的引力只有地球上的三分之一，在火星几乎人人都是弹跳高手，看来火星可以变成“蹦蹦床”游乐场啦。

看到这儿，同学们是不是想马上飞到

火星“蹦蹦床”上去跳一跳啊。

先别急，火星可是有两副面孔的，除了有可能符合人类生存基本条件的一面，也有气候极端恶劣，甚至无法让生命存活的另一面。

火星上昼夜温差很大，最大甚至超过 100℃；火星的表面非常干燥，就像地球上的戈壁沙漠，一片荒凉；火星上太阳紫外线杀伤力强大，几乎可以杀灭一切生物；火星上还有恐怖的沙尘暴……

有人说，躲在房子里不就好啦。

火星上能建房子吗?

首先得看看火星上有没有可以建房子的材料。

告诉你一个好消息，火星土壤的主要成分中含有大量的铁和氧化硅，它们经过加工可以成为建筑材料。

房子有了外壳，还需要在它的内部建造多套运行系统，满足人们正常生活的需要。

新鲜空气需要由一套完整的空气循环系统提供；适宜的温度需要由精确的温度调节系统提供；日常用水需要由可靠的过滤系统提供……

但这些系统需要用电才能维持运转。

那么，火星上有电吗？火星上有能源吗？

事实上，科学家已经可以用火星上的太阳能和由沙尘暴提供的风能发电了。

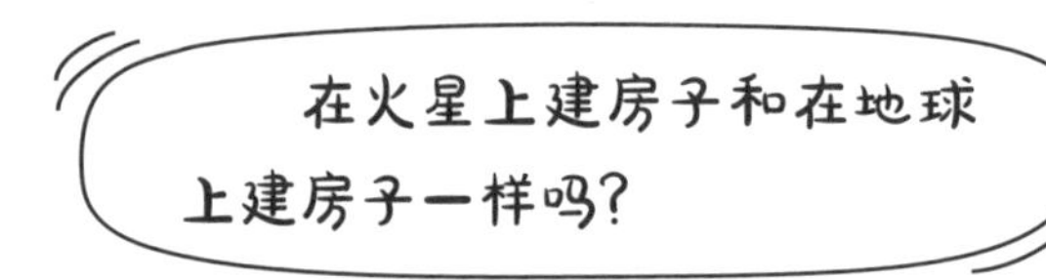

当然不一样。火星与地球相比，不仅温度要低得多，火星上最低温度甚至可以达到零下 140℃，而且大气中的氧气很少，人类不能直接呼吸火星上的空气。

所以，火星上的房子应该是密封的，而且外部有厚厚的保温层。就像给房子穿上厚外套，戴上口罩、帽子，围上围巾，严严实实包起来，保护房子和人们不受恶劣天气的伤害。

其实啊，目前人类还没有在火星上生存和建房子的能力，但是我们可以在地球上先“操练”起来。

我国有一个自然环境很恶劣的地方，那就是青藏高原，同学们都知道，青藏高原低压缺氧，冬季寒冷干燥。

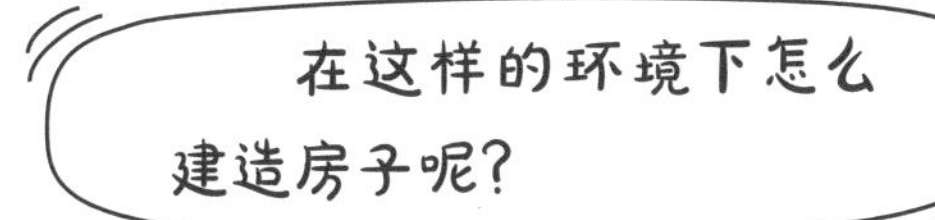

在没有实现供暖之前，西藏的冬天是漫长的。

晚上，室内没有良好的采暖措施，人们要忍受整夜的寒冷，直到太阳出来，阳光照进窗户，才会感到一丝温暖。

白天，人们在室内都要穿着厚实的衣服，人畜共处，门前处处堆放着用来烧火做饭、取暖的牛粪，那臭烘烘的味道已经成为生活的一部分。

刘加平院士

2005 年的一天，刘加平院士带领团队来了。这是刘加平院士第一次来到拉萨。那时宾馆还没有暖气，那个寒冷的冬夜给他留下了深刻的印象，那一晚他被冻醒五六次，他觉得难以置信：这是号称“阳光之城”的拉萨吗？

白天，刘加平院士目睹了当地居住环境的落后，尤其是“屋外囱口生烟，屋内烟尘呛人”的状况，让他下定决心要改变这一切。

于是，一个念头开始在他的心头盘旋：西藏作为全世界太阳辐射最强的地区之一，有着得天独厚的太阳能资源优势，为什么不能用太阳能来取暖呢？

说干就干，他要在这气候寒冷的地带，打造超低能耗的太阳能房屋。

从此，刘加平院士率领的科研团队三代人开始了“温暖”雪域高原的接力。

为了准确收集太阳辐射数据，科研团队顶着高原冬日凛冽的寒风，在太阳升起前赶到点位测试。大家不仅仅要忍受寒冷，还要忍受头痛、心慌、气短等高原反应，每天都是那么漫长，他们要等到夕阳落山后，才收起仪器返回宿舍。

为了测绘藏式民居建筑构造，了解乡镇利用什么来做饭、采暖、照明等，科研团队要步行十几千米采集数据，很多人都有过高烧、呕吐的痛苦经历。

这段艰苦的历程走了整整 15 年，埋头苦干的科研工作者们成功了，他们终于盖出了靠太阳就能取暖的房子，实现了不用煤、不用气、不用电就能够温暖千家万户的梦想。

刘院士自豪地说：

“新式高原民居的建筑中融入了丰富的‘阳光元素’。

“我们的设计利用白天长时间的日照收集储存热能，改善房间里面的环境，让这里的房子与太阳成功‘牵手’，在极端寒冷的环境中为人们的生活提供源源不断的温暖。

“太阳不仅能给人们送暖，还实现了送氧、送湿。”

…………

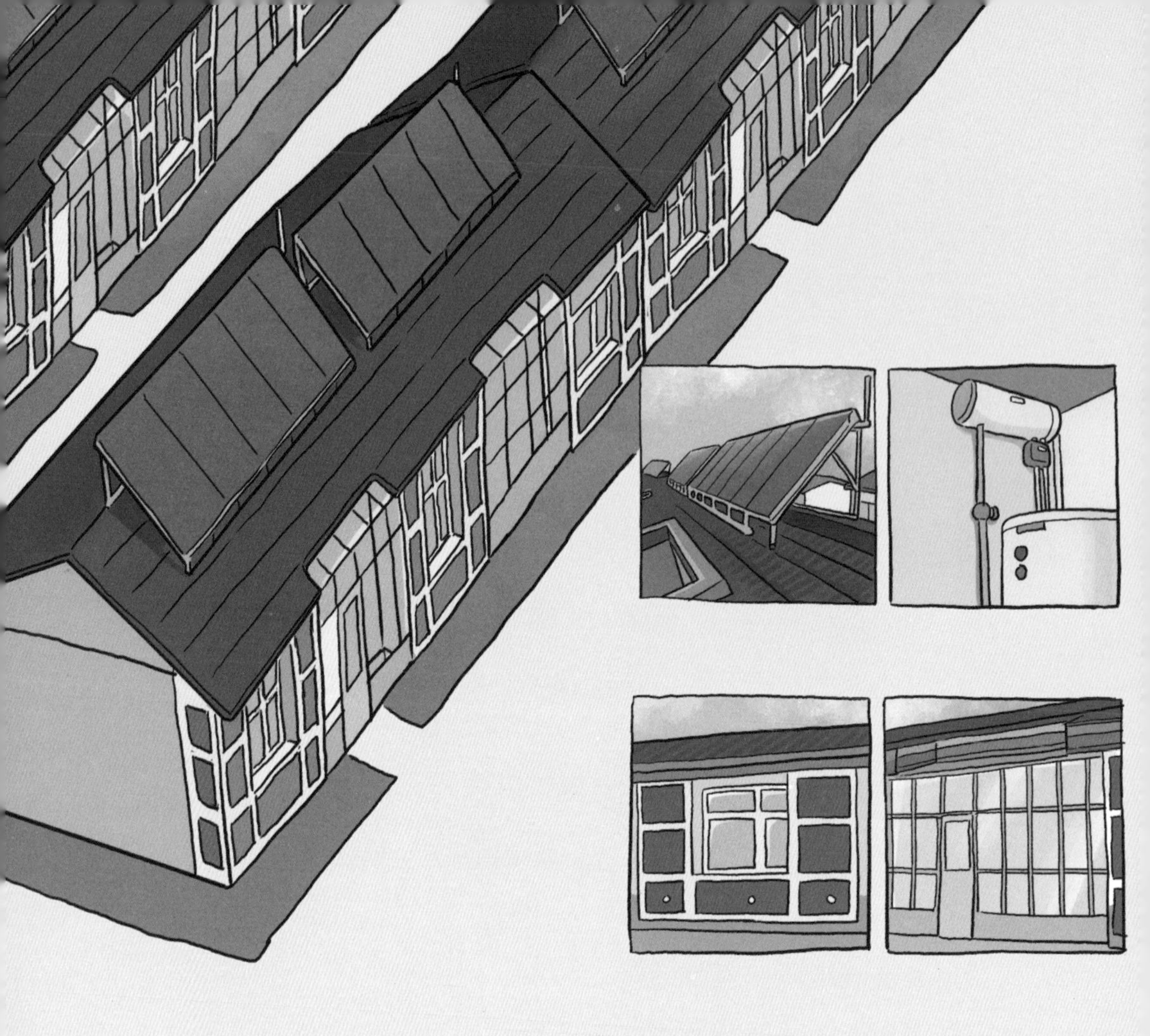

今天，青藏高原地区变得越来越环保、舒适、宜居，藏区人民更加健康、安居、幸福。

一代又一代科学家积累了越来越多在地球极端环境造房子的经验，也让我们离在火星上建房子越来越近。

未来的某一天，也许你会加入建筑科学家的队伍。没准，将来你真能在火星上建造房子。那可真是一件了不起的事情！

房子为什么
长得不一样？

北京胡同里的四合院、内蒙古草原上的蒙古包、福建山区的土楼、云南西双版纳的吊脚楼……

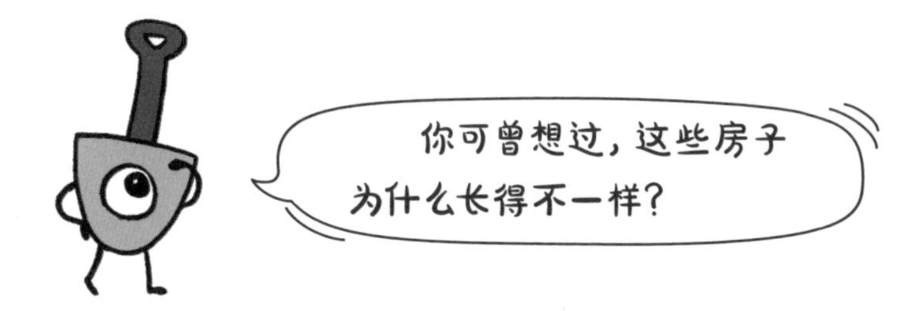

要想解锁房子外形千变万化的原因，你需要掌握一个基本规律：房子的样式得适应建造条件，比如地形、气候等。

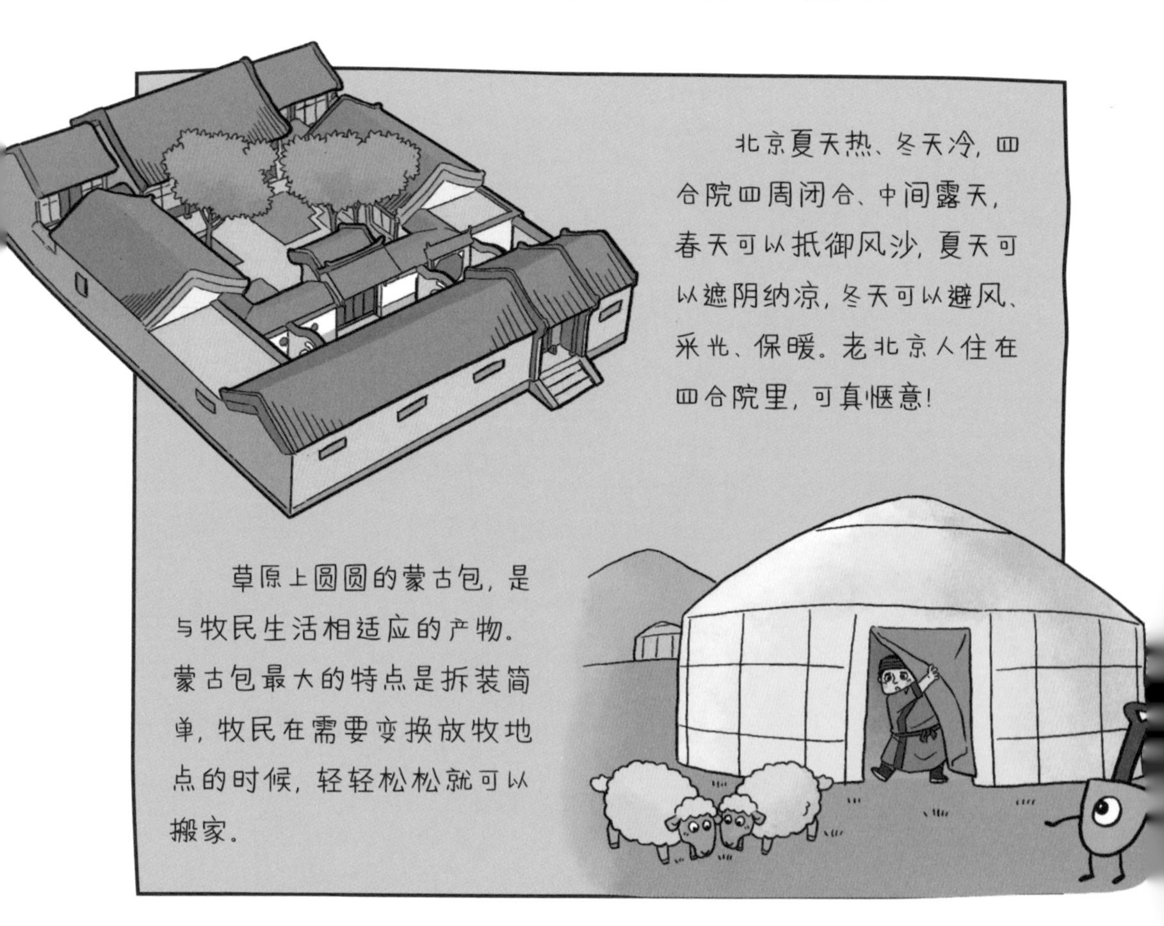

土楼是利用闽粤当地的土木石材建造的圆形围楼，看起来像巨型甜甜圈。外部封闭坚实，可以抵御盗贼、猛兽，内部开放流通，方便族人交流往来。这样的房子安全感与氛围感都满满的。

西双版纳天气潮湿、炎热，直接在地面上建房子，不仅闷潮，还会与各种蚊虫邻居“亲密无间”。当地的吊脚楼用竹木生态材料建造，高悬于地面之上，结构轻盈，楼板下还可放杂物、饲养动物。

房子只有适应和利用场地、气候等条件，才能好看又实用。

细心的同学可能又要问了，同一座城市里有许多建筑，为什么它们的造型也各不相同呢？

这是另一个核心规律在起作用：房子的样式还得适应它的内部用途。

我们用心观察就不难发现，学校的教学楼里教室连成了“串”，每间教室都安装了好几扇大窗户。这样整齐、宽敞、明亮的教室，是不是很适合大家上课学习呢？

你去过羽毛球馆、排球馆等体育馆吗？体育馆的天棚都非常高，室内容积大、没有遮挡物，这样才能满足开展体育活动的需要。

你再想想家里的房间，卫生间是最私密的空间，所以面积最小，窗户也小，甚至没有窗户；客厅是家人共享的空间，往往最宽敞，窗户也大，甚至可能是落地窗。

学校、体育馆、住宅、医院、商店、剧院、展览馆……建筑的用途不同，样式也就不同，小到一扇门窗怎么安装开启，大到每个房间怎么安排，处处都有讲究呢。

在这两条规律的共同作用下，每栋建筑“天生的基因”会不同，当然也就“长”得千姿百态啦。

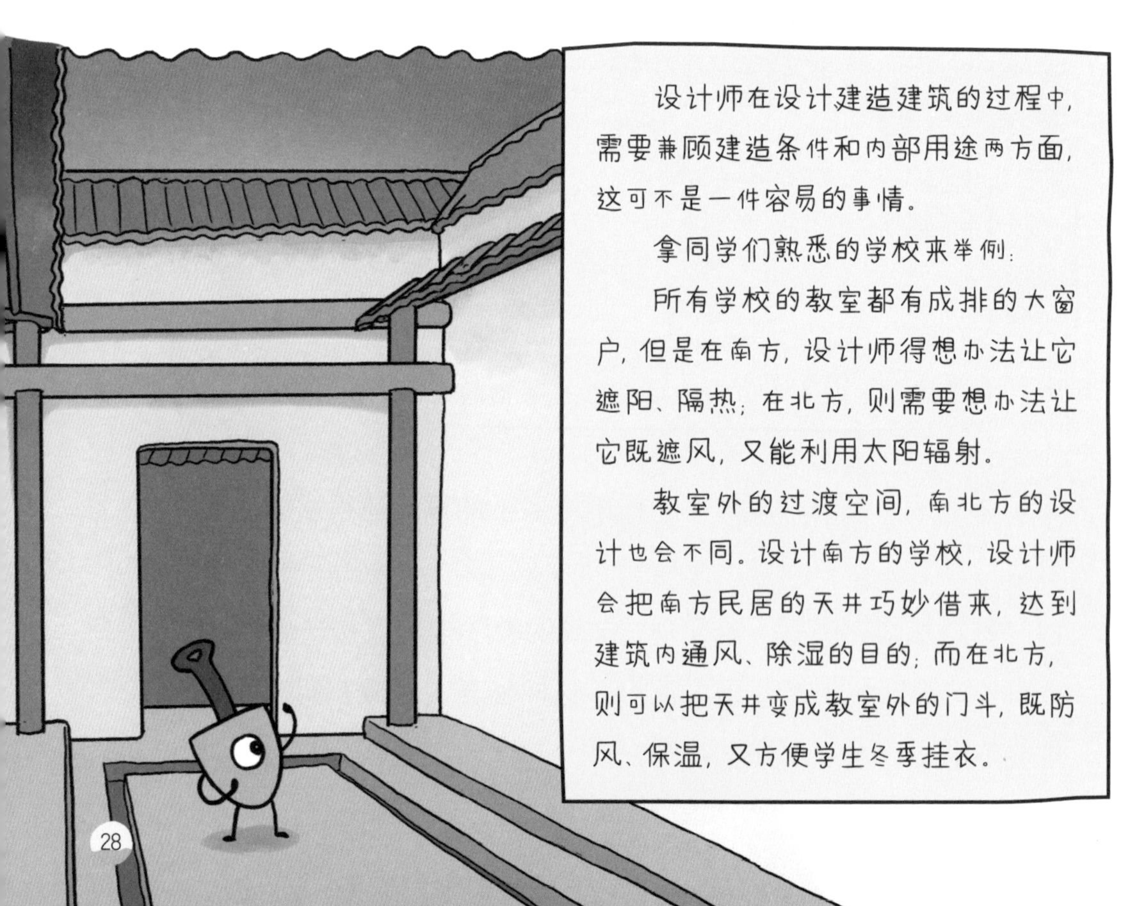

此外，设计师还要在其他细节上下功夫，建筑周围的景观、建筑场地里的植物……都可能成为设计要素与手段。把所有的要素都精心设计后，南方的学校就有了南方的样子和美感，北方的学校就有了北方的性格和风貌。

没想到吧？建筑不同样式的背后，竟然藏着这么多秘密。其实，建筑样式的背后对应着成型成套的行业技术，直接体现着一个国家、地区的整体技术工艺水平，更反映了人们与环境相处的智慧。彻底解锁了这些秘密，就掌握了最厉害的建筑设计技术。

前面，我们认识了致力梳理中国传统建筑“秘籍”的建筑学家梁思成；接下来，我们再认识一位他的学生——致力探索中国建筑

现代化道路“新秘籍”的吴良镛院士。

吴良镛小时候就喜欢建筑，他对外公说自己长大想做建筑师，外公以为就是“泥瓦匠”，狠狠地骂了他。

吴良镛高考时，赶上日军空袭，很多城市遭到破坏，满目疮痍。年轻的吴良镛痛心疾首，毅然选择了重庆中央大学建筑系，立志重建家园。

吴良镛院士很早就意识到了建筑行业在国民经济发展中的重要作用。他将我国环境、城市、建筑融合一体的营建智慧传统，提升到系统的科学认识高度，首创了“人居环境科学”理论概念与体系构想。

改革开放以来，我们国家经历了人类历史上规模最大、速度最快、影响最广的城镇化，但是世界上并没有现成的建筑设计和城镇建设理论适用于中国。吴良镛院士的理论填补了这方面的空白。

1987 年，吴良镛主持了北京菊儿胡同的翻新工作。这次翻新，既保留了老北京人“有院有树，有街坊有胡同”的居住环境，透着浓浓的人情味和烟火气又突破了传统四合院的全封闭结构，在国际建筑界屡获大奖，也为北京的旧城改造提供了思路。

吴良镛院士践行着自己重建家园的初心，他参与了北京城市总体规划修编、广西桂林中心区规划、天津城市空间发展战略研究……他的足迹遍布大江南北。

在 90 多岁高龄时，他仍坚守在讲台上，为我国城乡建设领域培养人才。他说：“我虽然人生九十，但仍然不懈追求，追求国家富强，社会和谐，环境健康，人民宜居。”

如今，吴良镛院士已经是百岁老人了，可“谋万家居”的思考从没有停止，这位慈祥的老者，笑眯眯的眼睛里闪烁的依然是让城市更有机、更宜居的渴望。

老一辈科学家的奋斗精神，让我们肃然起敬；新一代科学家的追求，也让我们佩服不已。

崔愷院士是新一代建筑实践领军人物，他富有创新精神，在建筑设计工作前沿，专注地探索中国地域现代化技术道路。

在设计敦煌莫高窟游客中心时，崔愷院士创造性地打破了游客接待、数字影院、多媒体展示、餐饮等公共使用空间的边界，在室内外流畅连续的空间中，巧妙嵌入了适应干旱气候的自然通风系统，使整个大厅节能又舒适。位于绿洲和戈壁之间的敦煌莫高窟游客中心，在外观上形成了连续起伏的飞天、流动沙丘、风蚀线条的视觉效果，与周围环境

和谐统一，地域特点鲜明，成为中国文化意象新地标。

崔愷院士精心对待每一个设计作品，根据不同地域的特点，将心中理想的建筑形象，用具体、鲜明而生动的设计去表达。这样一种立足于本土的努力创新，不断提升了中国建筑的形象与品质。

他还将一套本土设计的“独门秘籍”梳理成绿色设计方法体系，与刘恒共同主编了《绿色建筑设计导则　建筑专业》，这本书梳理了绿色建筑的整体思路，提出了“本土化、人性化、智慧化、长寿化、低碳化”五大纬度的绿色目标，被称为“设计绿宝书”。建筑师们以此为基础，不断实践、完善，形成中国绿色建筑设计的“独门功夫”，再也不会只想搬用和追随西方的建筑体系了。

同学们，下一次外出旅游时，别忘了仔细观察那些不一样的房子，或许你们会感受到我国建筑文化的深厚底蕴，也会发现建筑师们不一样的巧思呢！

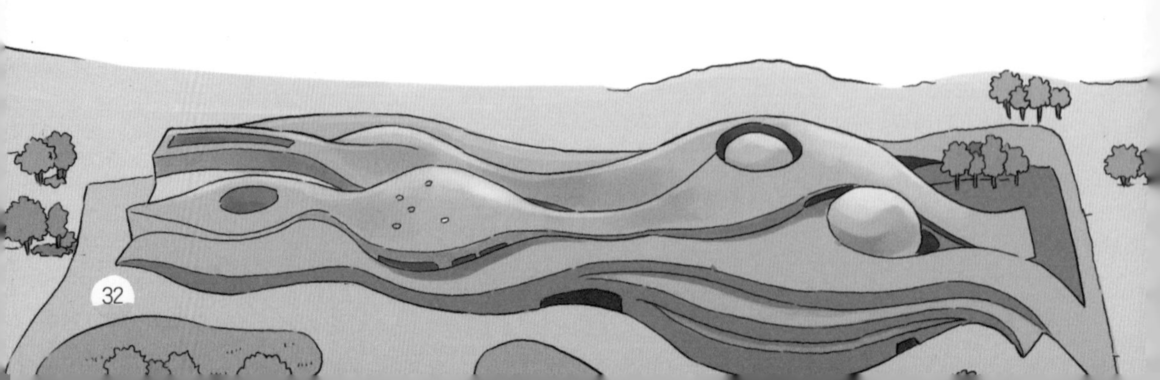

你知道会奏乐的
中国古代建筑吗?

安徒生在童话故事《天国花园》中写道：风妈妈有四个儿子——北风、南风、西风、东风。其中，穿着中国服饰的东风告诉妈妈：“我刚从中国来——我在瓷塔周围跳了一阵舞，把所有的塔铃都弄得叮当叮当地响起来！”故事里所说的“瓷塔”就是江苏南京的大报恩寺塔。

人类历史上创造出了许多建筑奇迹，在“中世纪世界七大奇迹”中与万里长城齐名的，就是这座会叮当叮当奏乐的大报恩寺塔。

大报恩寺塔是明代建造的，一共 9 层，高近 80 米，每层都设油灯烛火照明，层层挂着风铃，被誉为“白天似金轮耸云，夜间似华灯耀月”。这座塔号称“天下第一塔”，是南京最具特色的标志性建筑。

你大概已经猜到了，大报恩寺塔能建这么高也运用了我国古代建筑高科技——榫卯构造。

不过，这座塔全身除了顶部中心是木构，内外都用琉璃构件模仿木质榫卯勾连，塔顶、门窗、栏杆接连铺设，层层跃然而出。安徒生把它叫作“瓷塔”，其实造塔的

小贴士

琉璃：用某些矿物原料烧制而成的半透明的釉料。南京大报恩寺塔上装饰的琉璃，是中国传统建筑中的重要装饰构件，常见的有绿色和金黄色两种，富丽堂皇，经久耐用，通常用于宫殿、庙宇、陵寝等重要建筑。

材料不是“陶瓷”，塔体上通身装饰的材料叫“琉璃”，当时的外国人还不了解中国独创的这种釉料——那时候，琉璃可是世界顶级的高科技建筑材料哟。

这种琉璃榫卯能与烛火安全共处，使得塔身流光溢彩。每个都经过单独开模烧制。南京大报恩寺塔建了 19 年，比同期建成的规模数倍的皇家宫殿紫禁城（现在的故宫）还多用了四五年。

大报恩寺塔美观精致，坚固耐久，历经朝代更迭，建成后震撼了各个国家的使节大臣，声名远扬。

看到这儿，你是不是很想去南京一睹大报恩寺的风采？

令人惋惜的是，大报恩寺塔于1856年在太平天国运动中被炮火毁于一旦，只留下残垣断壁。为了再现辉煌，2003年，南京市做出了重建大报恩寺塔的决定，并委托东南大学王建国院士团队进行大报恩寺塔遗址的保护设计。

新塔建于明代大报恩寺塔遗址之上，王建国院士团队在具体设计上面临两个难题：怎样才能避免新建筑对遗址的破坏？新塔如何传承明代大报恩寺塔的辉煌？

面对古老的遗址，王建国院士团队没有急于求成，而是带着敬畏之心，联合南京市考古队先展开探测，前后共有四批建筑学者和

设计师跨越 12 年，细致地把遗址情况和设计条件摸了个透，也让每位成员都对大报恩寺塔曾经的建设细节了然于胸，对它的精美有了完整深入的认识。

设计新塔的过程中，团队不仅参考了大量历史文献、图样、实物，重点与考古现场发掘出的遗址真实尺寸进行核对与比照，而且十分注重要满足当代新需求，推陈出新。

建筑师团队决定大胆运用现代玻璃材料再现历史胜景——经过 4 个月的连续试验，王建国院士团队与中国艺术玻璃大师团队，研发出一种高科技玻璃琉璃画工艺。运用这种材料和工艺，新塔身就能在不同视角把古塔的形象和风采若隐若现地呈现出来。这可是世界上第一次在高层建筑外立面上使用这么大面积的高科技玻璃。

王建国院士

你可能会问，为什么不直接用琉璃呢？

很多人有着和你一样的疑问。

新塔要建在古塔原址上，又要严格保护好古塔遗留的塔基、地宫等。显然，新塔的建筑基础不能直接落在遗址上，得采用跨越式的结构，因此塔身不能太重。经过三年无数次的试验校核，轻量化的钢结构与玻璃被定为新塔最适宜的建设材料。玻璃不仅能满足建筑需求，还能利用玻璃琉璃画工艺再现旧塔的神韵，真是两全其美的选择呀！

除了保护遗址、再现历史胜景，新塔还得是能参观的展览馆，将历史遗迹融入其中作为展品，是历史遗迹和当代建筑的完美结合。

为了确保塔基、地宫等的绝对安全，建筑师与结构工程师将新塔的底层结构设计成上小下大的形状，犹如一个倒扣的碗，把整个塔架起来。这样既保证了塔的稳定，又使底层空间宽敞通透，成为对大家开放的大厅堂。

新塔的外部玻璃塔身，将传统封闭厚重的塔墙“打开”了，营造出轻盈通透的

观览效果；新塔的内部钢结构，突破了我国古塔内部狭小局促的空间约束，成为大家都能参观、学习、游览的宽敞的公共建筑。

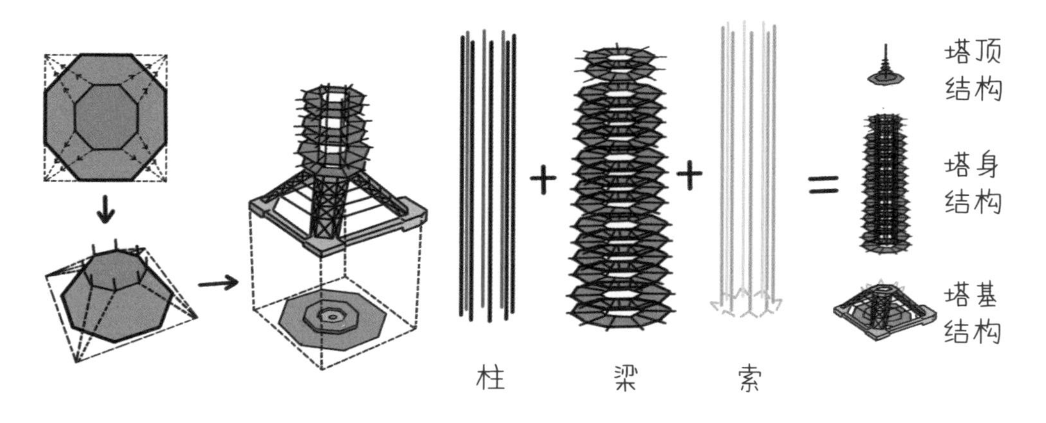

应用合宜、先进的现代技术，新塔传承了古塔优雅的造型，这是对历史、对传统最真诚的致敬。

风铃挂在钢结构飞翅上，发出叮咚悦音，似与古塔琉璃飞檐下的铃声相和；写意的玻璃琉璃画，似与古塔上琉璃的光彩相映。新大报恩寺塔穿越时空，将历史重现在我们眼前，几代人的共同努力，孕育了一个全新的“世界奇迹”。

科学家们在新大报恩寺塔建设过程中探索出的研究成果，饱含对遗址保护严谨而科学的态度、对历史的敬畏与尊重。它成为遗址保护设计中的一颗明珠。今天南京金陵大报恩寺遗址公园已成为南京新的都市奇观，欢迎五湖四海的游客前来参观。

住进纯玻璃建造的房子会怎样?

水族馆的鱼儿住在用玻璃做的鱼缸里，游来游去，看起来舒适又惬意。鱼缸是鱼儿的玻璃房子，让我们大开脑洞，给人建一座纯玻璃的房子怎么样？

这样的房子干净而透明，墙面和屋顶都变成了窗，白天可以自由享受阳光，晚上躺在床上就能看星星、看月亮……

就像我们看到的那样，玻璃具有透光性好、防风防雨等特点。它最初被应用在建筑中，正是为了满足既遮风挡雨，又保证采光的需求。

大家知道吗？在玻璃普及之前，人们不得不用草席、纸等来遮挡窗户，只有有钱人才用得起轻纱，但是轻纱与玻璃比起来性能还是差太多了。

随着玻璃工艺的发展，现在不仅有玻璃门窗，还有玻璃幕墙、玻璃梁、玻璃柱等。玻璃除了采光性能良好，还兼具装饰和承重的作用。大家熟悉的广州塔、上海中心大厦等超高层建筑，都以玻璃幕墙作为外装饰。

虽然玻璃在采光节能、降低噪声、美化环境等方面越来越好了，但是真的居住在纯玻璃建的房子里，你可能不会觉得舒适又惬意。

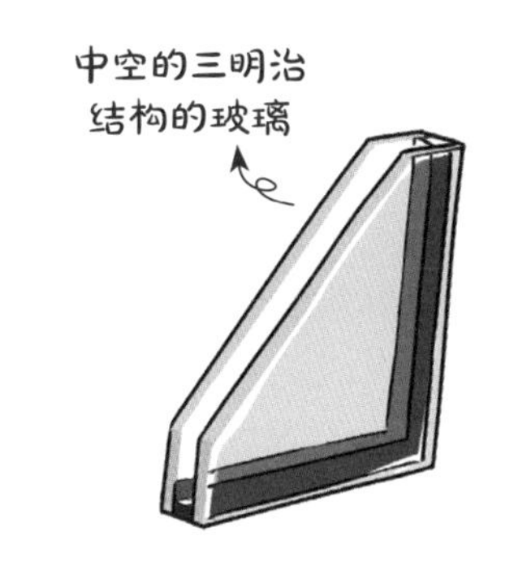

首先，玻璃墙体对自然天气的抵御能力较弱。在受到风、冰雹、地震冲击时，纯玻璃房子还能不能完好无损、安全使用，这对玻璃材质可是一个大考验。如果采用中空的三明治结构的玻璃，又会增加成本和建筑本身的重量。

其次，纯玻璃房子相对于普通房子而言，冬冷夏热的弊端会更加明显。普通房子的墙是遮光的，玻璃却是透光的。夏天阳光强、温度高，纯玻璃房内就更热；与普通房子的墙相比，玻璃很薄、散热快，冬季时纯玻璃房内就更冷。

另外，玻璃墙没有传统墙体的遮挡功能，会让居住者完全暴露在别人的目光中，居住体验也不是很好。

所以，科学家一边研究如何提高玻璃的性能，一边探索更多建造材料和方法。

你见过“就地取材”建房子吗？

在北极圈或极寒冷地区，可以用冰块搭建房子，只需掌握建筑材料的恒温技术，做好室内环境与人体舒适度的平衡就可以了。

你见过“随心所欲”建房子吗？

科学家对塑料泡沫进行改造，研发出一种新型泡沫，除了像普通塑料泡沫一样具有绝缘特性，它还具有更高的强度和韧性，几乎水火不侵。用这种材料搭建房屋，室内冬暖夏凉，最重要的是它可以根据需求搭建成你想要的任何形状。

你见过“创新组合”建房子吗?

用海水海砂混凝土与无机纤维材料组合起来的新型材料进行海岛海礁建设，不仅可以有效抗击海水腐蚀，还能大大节省常规建材的运输成本。

不断有新材料被用来建造房子，可是为什么现在还是以传统的钢筋混凝土房子为主呢？新颖又极具科技感的材料为什么没取代这些传统材料呢?

混凝土和钢筋之间具有极好的黏结力，这是玻璃及其他建筑材料所不具有的特质。这样的黏结力可以保证混凝土与钢筋组合后紧紧地咬合在一起，这为房屋的稳定性提供了保障。

我们的房屋结构受力不只来源于压力或者拉力，还有剪力、扭矩和弯矩。钢筋混凝土能充分利用材料的性能，确保建筑物禁得住这些荷载的考验，保证结构的安全稳定。

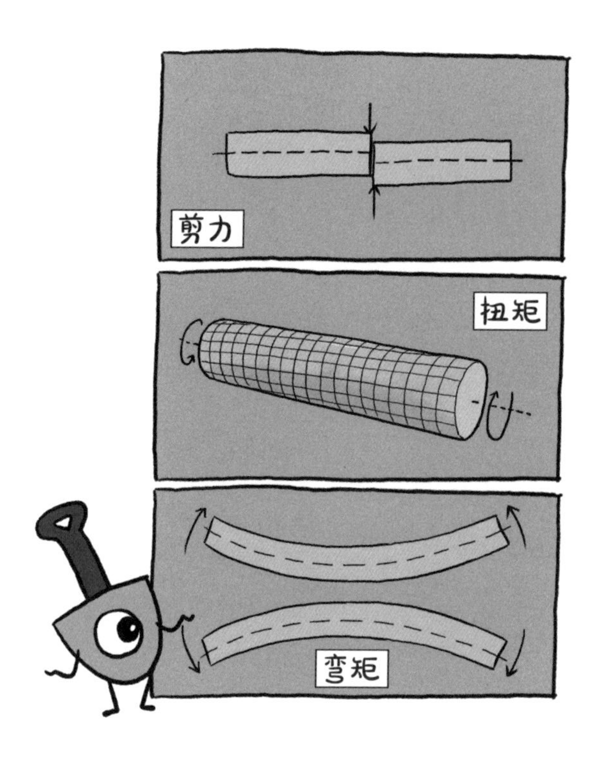

小贴士

剪力是一对垂直于作用面的方向相反的力，剪力作用于材料就像剪刀剪断东西一样，能够使材料发生相对错动的形变。

扭矩是使物体发生转动的一种力，扭矩作用于材料就像双手拧毛巾一样，会使材料发生转动形变。

弯矩是使物体弯曲的力，弯矩作用于材料就像重物压弯扁担一样，会使材料发生弯曲形变。

新型材料的缺点导致它们暂时很难推广。就拿玻璃来说吧，与钢筋混凝土相比，它是一种比较脆的材料。要满足建筑物的受力要求，就需要在玻璃中加入特殊的纤维，或者和其他材料组合使用。这便增加了玻璃结构的使用难度和成本。

许多科技感十足的新型材料需要经常进行维修和养护，否则这些材料的性能就会随着使用大打折扣。而钢筋混凝土耐久性好，在建筑的整个生命周期内，只要环境不发生大的变化，几乎不需要复杂的维护。

新型材料从研发到应用需要耗费大量的时间和精力。而混凝土和钢材的应用已经十分成熟，可以很好地控制建筑成本。钢筋混凝土还可根据设计方案进行后期改造，适应性较强。

虽然很多新型建筑材料还没有普及，但是对它们的研究意义深远。

中国科学院院士、香港理工大学校长滕锦光先生是新型建筑材料及工程应用的专家。近些年，他所研究的高性能纤维增强树脂基复合材料，是一种会对人类未来产生巨大影响的新型建筑材料。这种由树脂基和各种纤维组合而成的复合材料，此前被应用于飞机和F1赛车的制造。

为什么滕锦光院士特别钟情于这种复合材料呢?

原来这种复合材料的强度是钢材的3至4倍，重量只有钢材的1/4到1/6，而且耐腐蚀。如果将这种材料应用到建筑上，可以大幅度提高建筑的安全性和使用寿命。

从20世纪90年代开始，滕锦光院士及其团队坚持“创新永远在路上”，从复合材料基础性能研究开始，逐步发展到复合材料管、复合材料筋、复合材料拉索等材料的研究，提出了完整的建筑复合材料应用技术体系，从采用复合材料加固既有建筑，到用复合材料新建结构，填补了大量的科学研究空白。

结合国家的海洋战略，滕锦光院士团队研发出采用复合材料及海水海砂混凝土的新型组合结构材料，极大地加快了我国海洋工程建设的速度。

滕锦光院士关于复合材料的一系列理论，有些已经成为国家复合材料的设计规范。美国、英国、澳大利亚等国家的相关设计标准或指南也采用了我们国家的研究成果。可以说，在土木工程复合材料应用领域，中国科学家一直站在世界前沿，发挥着引领作用。

读到这里，大家是不是感到由衷的自豪呢？希望同学们都能好好学习，长大后加入科研队伍，像滕锦光院士那样，坚持创新，不断探索，让各种新型材料建造的房子早日普及，让人们居住的环境更加安全、舒适！

高楼大厦
为什么
不会倒?

在搭积木时，同学们往往会发现，随着积木越搭越高，整体会越来越不稳定。在搭建到一定高度时，伴随着“轰”的一声，积木倒塌……

在城市里，大家处处可以看到高楼大厦，它们比积木可高多了，为什么却不会倒呢？

一栋高楼的建造过程远比搭积木要复杂得多，需要经过认真细致的设计、施工。知道了它的建造过程，同学们也就知道了它不会倒的原因。

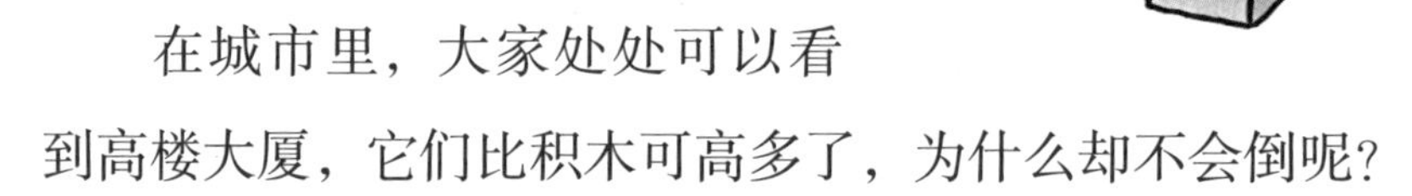

首先要打牢基础。基础的作用是承受上部传来的荷载，并把荷载传递给大地。牢固的基础工程是高楼不倒的原因之一。这就要求建造高楼的地基是坚硬密实的，如果是沼泽般的场地，恐怕高楼还没完工就会倾倒。一栋几百米高的大楼必须要有能承载支撑它的基础，基础的建造成本往往占据一栋大楼建造总价的很大比例。

其次要搭建好高楼的主体结构。主体结构是在地基与基础之上，承受和传递大楼所有上部荷载，维持结构整体性、

稳定性和安全性的系统。它就如同大楼的骨架一样，和地基、基础一起构成大楼完整的结构体系，是大楼能够安全使用的根本。

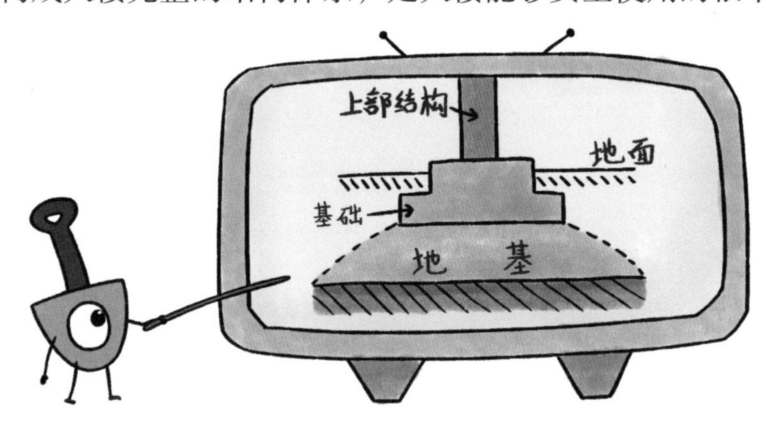

最后还需要考虑自然环境对高楼的影响。高层建筑非常高，底部面积却很小，这使高楼就像一根长杆孤零零地竖在大地上。因此，除了考虑自重、大楼设备、大楼使用者、积灰、积雪等竖向荷载，还要考虑地震、大风等水平荷载对其造成的影响。

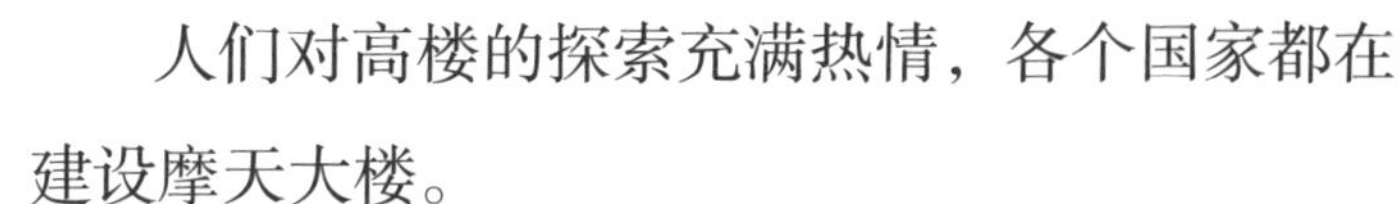

人们对高楼的探索充满热情，各个国家都在建设摩天大楼。

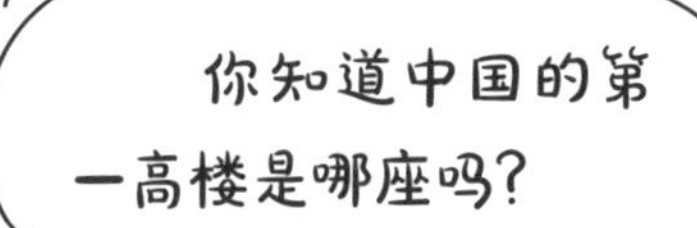

屹立在上海陆家嘴的上海中心大厦是中国第一高楼。主楼地上 127 层，建筑高度 632 米，地下 5 层；裙楼共 7 层，其中地上 5 层，地下 2 层，建筑高度为 38 米。

上海独特的软土层是建造这座摩天大楼时面临的问题与挑战，在软土层中建筑根本无法立足，更别提抵御地震等自然灾害了。那怎么办呢？

只能将地基的深度不断延伸，直到落在坚硬的岩石上为止，上海中心大厦地基最大深度达到了 86 米，再利用混凝土对地基进行加固，形成一个直径 121 米、厚 6 米的圆形钢筋混凝土平台——基础底板。基础底板与 955 个主楼桩一起承

小贴士

裙楼指高层建筑的主体底部的附属建筑物。高层建筑从外立面上看呈“凸”字形，底部比标准层面积大，这部分层数较少，像裙子一样围绕在主楼周围，所以叫裙楼。

载高楼的负载，这才起到了“定海神针”的作用。

这座超高层建筑，如何解决大风和地震时的摇晃问题呢？如果不能解决，高楼倒塌将直接带来生命和财产的重大损失。

中国工程院院士、同济大学吕西林教授带领团队持续攻关，最终通过在大厦顶部设置电涡流阻尼器，有效减少了大楼晃动，提升了大楼的安全性及舒适度。这也是国际上首次将电涡流阻尼器用于超高层建筑的抗风和抗震控制。

1976 年，唐山大地震发生时，吕西林正在西安冶金建筑学院（今西安建筑科技大学）读大学二年级，学的是“工业与民用建筑”专业。当时，西安也有明显震感。

“地震一瞬间造成了那么多房屋倒塌，夺去了那么多活生生的生命，对我内心的触动特别大。”吕西林曾经回忆说，“从那时起，我就立志要读研，一心要做建筑的抗震研究。”自此，吕西林义无反顾地踏上了建筑结构抗震研究的征程。

吕西林院士

2008 年汶川大地震后，吕西林院士第一时间主动请缨，赶赴抗震救灾第一线，为隐患重重的建筑结构“望、闻、问、切”，下达“诊断书”。

经过多年的研究，吕西林团队在结构抗震（抵抗地震）、隔震（隔离地震在建筑中的传播）、减震（振）（减少地震、风振、设备振动等）领域拥有很多技术成果，比如发明了“橡胶支座＋滑动支座＋黏滞阻尼器”的组合式隔震减振系统。

类似的先进技术在上海环球金融中心也有应用。这座拥有地上101层、地下3层，楼高492米的超高层建筑，在90层设置了两台阻尼器，每台阻尼器重150吨，长宽各9米。感应器测出建筑物遇风的摇晃程度，通过电脑计算控制阻尼器移动的方向，从而减少大楼由于强风而引起的摇晃。由于驱动装置设计为可以沿纵横两个方向运动，因此阻尼器可实现360度的方向控制，可抗超过12级的台风。

从上海中心大厦到上海环球金融中心，一栋栋摩天大楼画出全新的城市天际线。吕西林院士团队持续40多年对结构抗灾性能开展研究，让这些超高层建筑的“底盘”更稳固、“筋骨”更强健。

摩天大楼的主体结构采用了钢与混凝土，换成砖混结构或者木结构好不好呢？

砖混结构的房子，由大量的砖石承重墙和少量的钢筋混凝土建造而成，其抗震性会相对差一些。同时，砖石的自重太大，也不适宜建造高层建筑。

木结构的房子，由大量的木材和少量的砖、瓦建造而成。中国古代建筑以木结构为主。木结构建筑在抗风、抗震性能方面表现突出。

小贴士

中国有世界上最高的木塔——山西应县木塔。塔身高67.31米，相当于现在的20多层楼。应县木塔处于山西大同盆地地震带。史书记载，在木塔建成200多年之时，当地曾发生6.5级大地震，余震连续7天。木塔附近的房屋全部倒塌，只有木塔岿然不动。近1000年过去了，木塔始终完好。

木结构建筑抗风、抗震的主要绝招是什么呢？

➡绝招一：榫卯

榫卯是极为精巧的发明，榫卯接合处有缝隙，遇到强震时，起着变形消能的作用，建筑物会松动却不致散架，从而大大减少了建筑的受损程度。

➡绝招二：台基

中国古代建筑一般由台基、屋身、屋顶构成。台基好比是一艘大船，能载着建筑物漂浮在地震形成的“惊涛骇浪”中，能够有效地减少地震波对上部建筑的冲击。

➡绝招三：斗拱

斗拱是用来连接立柱与横梁的结构构件。由屋面和上层构架传下来的荷载，要通过斗拱传给柱子，再由柱子传到基础，因此，斗拱起着承上启下、传递荷载的作用。斗拱交错叠加，形成了“上大下小”的“支架”，每一层斗拱都可以有效传递负荷，大大提高了建筑的抗风、抗震能力。

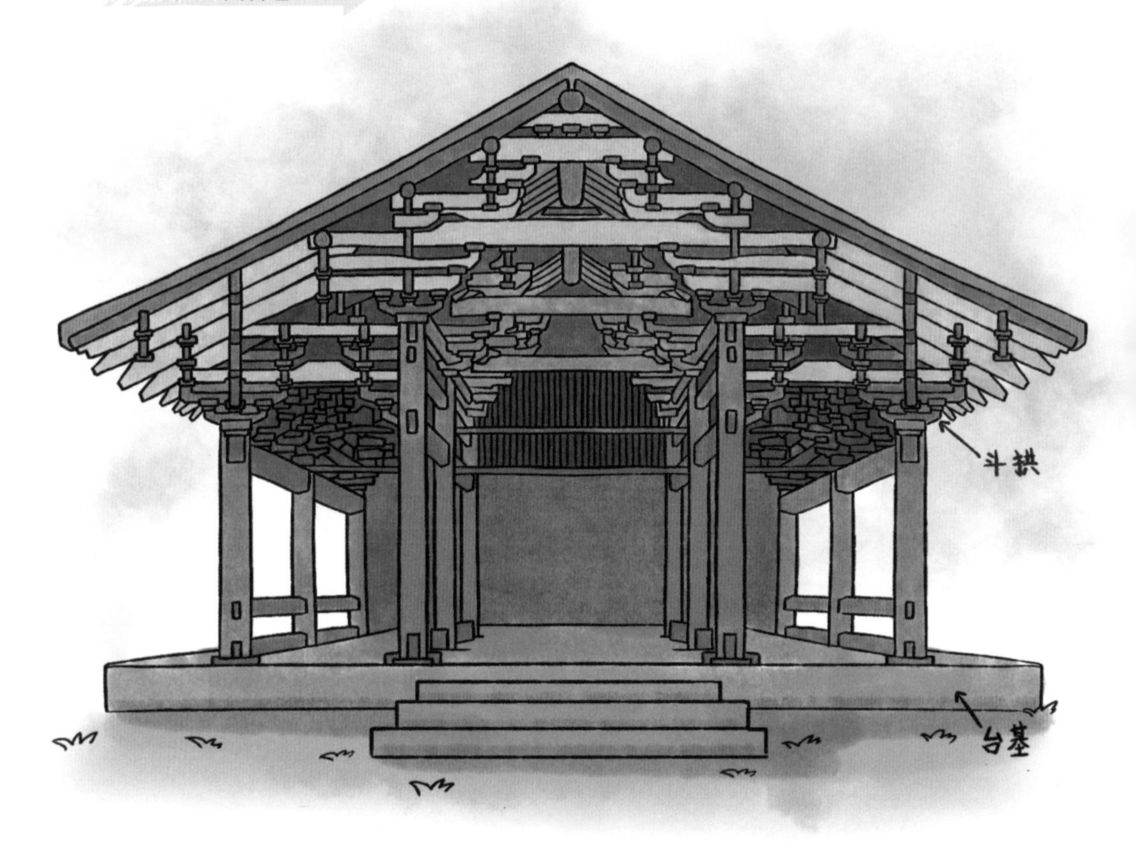

除此之外，大屋顶、各种横向的交错木柱形成的槽柱网等也都大大增加了木结构建筑的稳定性。

尽管木结构建筑由于怕火、怕水、怕虫蚁等缺点，没有被广泛应用于高层建筑，但现代科技提出建筑减隔震技术，从一定程度上受到了中国古代木结构建筑技术的启发。

高楼大厦之所以能够屹立不倒，是因为有像吕西林院士这样的科学家和工程师心系人民安危，用智慧与坚持勇敢探索，解决了种种工程难题。未来，同学们会走上各种各样的岗位，希望你们也能保持探索精神，为自己所在的行业做出杰出贡献。

房子的墙
可以随意砸掉吗？

同学们，你们家装修过吗？

为了让房间看起来更宽敞，我们可以将客厅和卧室之间的墙砸掉吗？

窗户太小，能不能砸掉一部分墙，使窗户变大？或者干脆砸掉整面墙，变成一扇敞亮的落地窗，这行不行呢？

注意，房子的墙不能随意砸掉。如果砸错了，整栋房子都会变为危房，甚至会整个倒塌。

房子的哪些部分不能拆呢？

告诉大家，房子中组成建筑结构的部分，千万不能动。

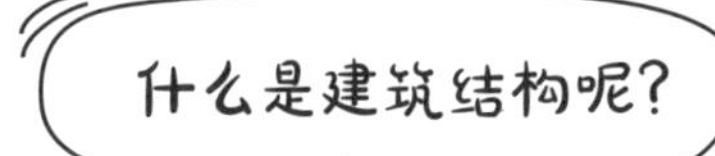

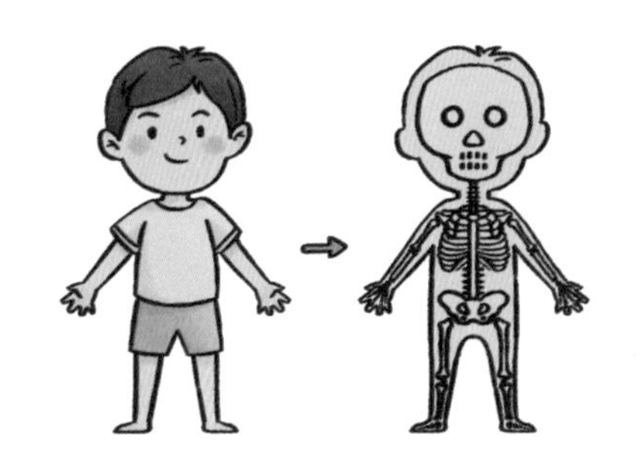

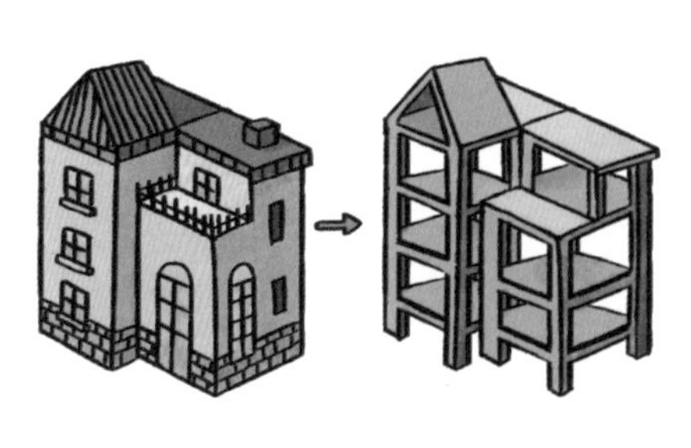

楼板、墙体、柱子等都是建筑结构的组成部分。建筑结构就像我们人体的骨架，身体需要骨架的支撑才能站立、行走，而建筑正是由于建筑结构的支撑才能稳稳立住。坚固可靠的建筑结构，加上地基和基础，共同成为高楼不会倒的主要因素。

除了稳稳地立住，我们还需要建筑能够遮风挡雨、使用方便、应对各种灾

难……要达到这些功能，就需要建筑结构能够满足安全性、适用性、耐久性的要求。

安全性就是在地震、台风、洪水、爆炸等偶然事件发生时，建筑结构能够保持稳定，不会发生倒塌。1976年，河北唐山发生了大地震，一夜之间这座城市变成废墟。许多倒塌的建筑都是砖混预制板结构的。预制板的节点性能比较弱，相当于一块积木搭在墙上，抗震性能差，容易产生垮塌。震后，工程师们增设圈梁、构造柱，大大提升了砖混结构的整体性；此外，针对楼板比较松散的问题，采取在预制板上部浇筑一层钢筋混凝土叠合层的方法，增强了楼板的整体性，在地震时不容易出现单块预制板被晃下去的情况。用这些技术重建的房屋，提升了抗震性能，能抵抗不低于8.0级的地震，安全性能增强。

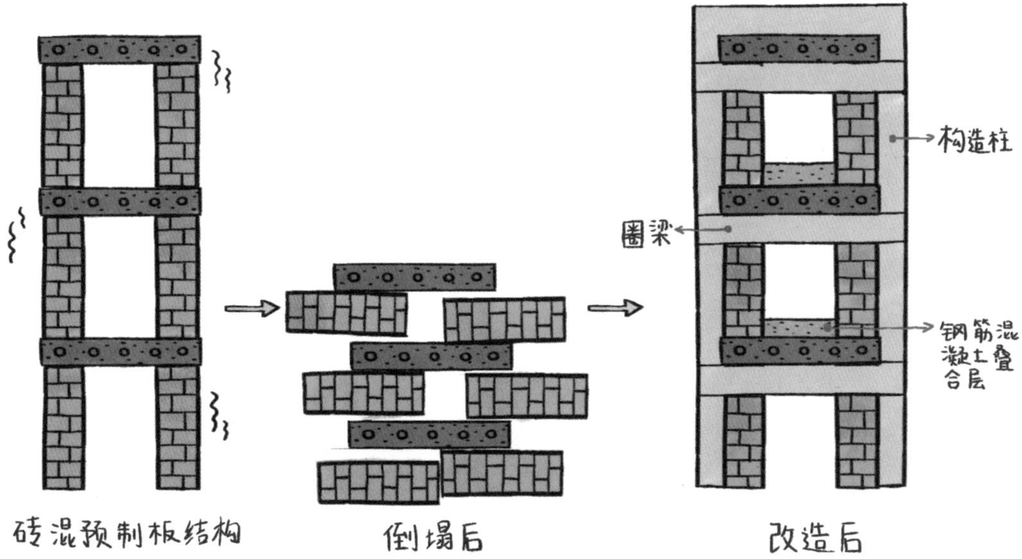

适用性就是在我们居住使用期间，建筑结构不会出现大的变形、开裂或者震动，导致我们不能正常居住。建筑材料使用不当、建筑结构设计不合格、施工不规范、不良环境因素等影响，都会造成房屋变形和开裂。如果我们发现墙面、天花板、地面、窗户等出现裂痕，一定要提醒爸爸妈妈注意，及时维修或撤离。

耐久性就是在正常使用、正常维修的条件下，建筑结构具有足够的抗腐蚀、抗退化能力，使建筑功能保持到所预期的使用年限。大家知道吗？建筑物按照耐久年限被划分为四级。其中，一级建筑年限为 100 年以上，二级建筑年限为 50 ~ 100 年，三级建筑年限为 25 ~ 50 年，四级建筑年限为 15 年以下。

不同功能的建筑采用不同的建筑结构，包括不同的建筑材料和受力体系等，就能更好地满足这些要求。

比如，平房或者多层小楼主要采用砌体结构。砌体结构由砖墙及钢筋混凝土圈梁、构造柱构成。砌体结构对水泥、钢材及模板的需求量较少，造价低廉，对施工机械要求不高。这种结构的所有砖墙都是承重墙，不能拆卸。砖墙除承重外，保温、隔热、隔声性能都很好，节约能源，居住舒适。砌体结构特别适合用于建造低层民居。

再比如，体育馆多采用钢结构。钢结构是由钢材组成的结构，主要构件包括钢梁、钢柱、斜支撑等。众多钢梁、钢柱组合在一起，构建出一个宽敞、高大、无障碍的空间，以供人们进行体育运动。例如，中国最大的体育场鸟巢，由 42000 吨钢结构编织而成，可容纳 91000 人。

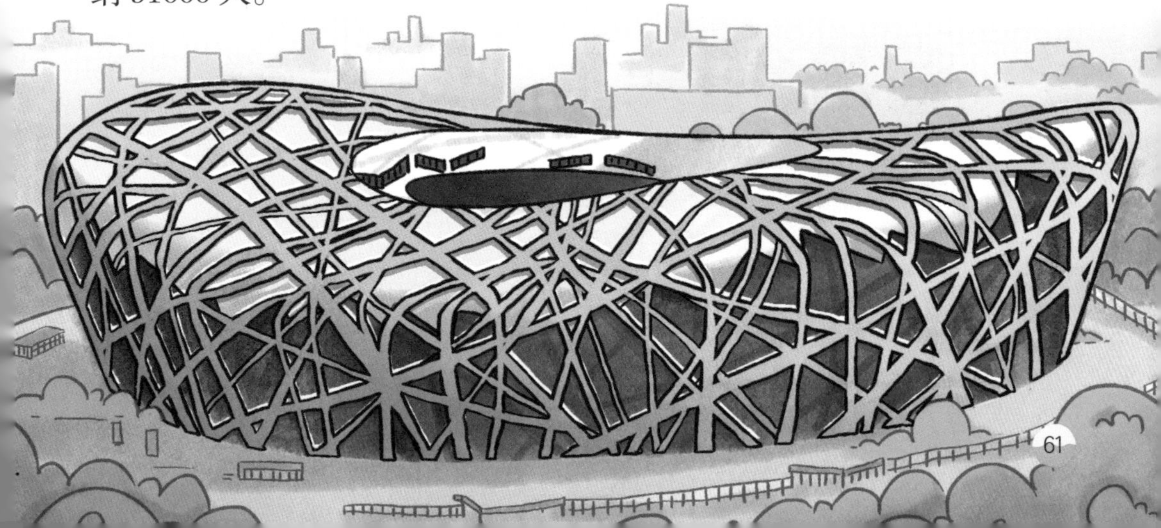

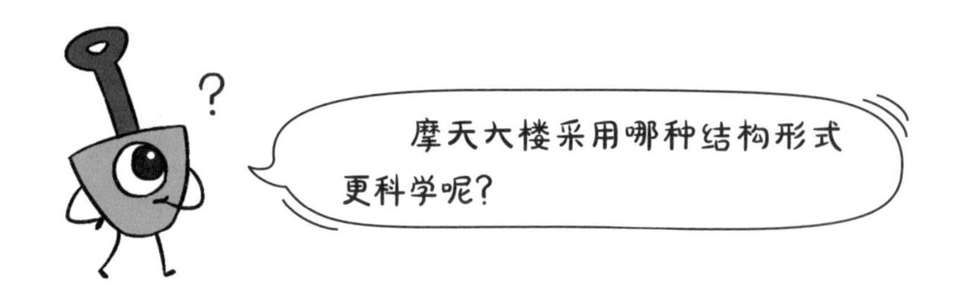

钢材抗拉，混凝土抗压，如果能把钢材和混凝土的各自优势发挥出来，扬长避短，一定能组合出更具竞争力的结构形式，实现“1+1>2”的效果。超高层建筑采用钢—混凝土组合结构就是一种聪明又合理的办法。例如，具有中国传统文化特色、灵感源自中国古代礼器“樽”的北京第一高楼——中国尊，采用了“全高周边巨型框架体系”，并与混凝土核心筒组成“复合抗侧力结构系统”。

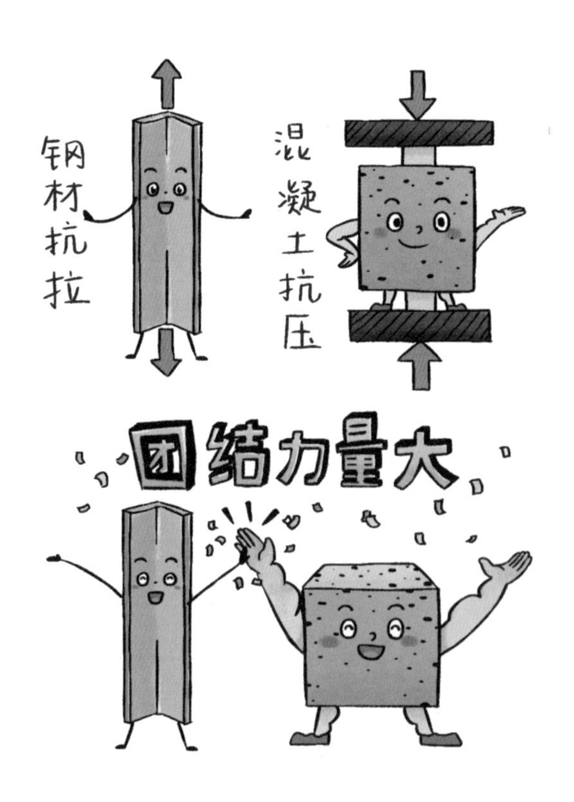

中国工程院院士、结构工程专家聂建国院士，就是研究钢—混凝土组合结构的著名学者。

1994年，聂建国院士在南斯拉夫获得博士学位后回国，从此投入组合结构的研究中。在国际上，从20世纪30年代就开始组合结构的研究和应用了，但接下来的60多年一直没有太大的进展。这并没有浇灭聂建国

院士的热情，30年来，聂建国院士始终认准组合结构研究，不管这个方向是冷门还是热门。他说："做科研出好成果、出系列成果、出大成果要做到四个不：不赶时髦、不随大溜、不凑热闹、不凑数量。科学研究需要传承，但更需要质疑和批判精神。"

认准一个方向，坚持数十年，不仅要有眼光，更要有毅力。

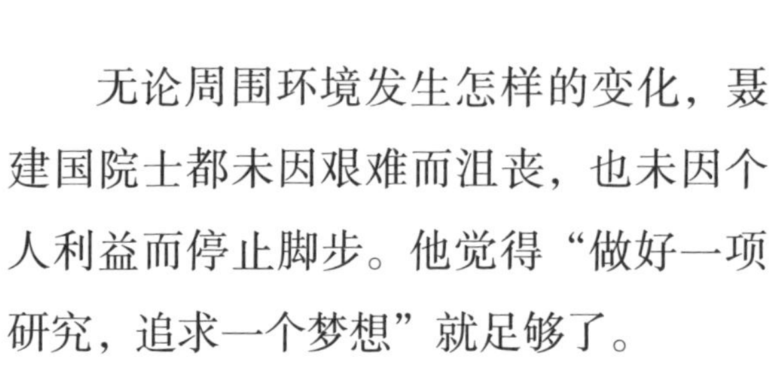

无论周围环境发生怎样的变化，聂建国院士都未因艰难而沮丧，也未因个人利益而停止脚步。他觉得“做好一项研究，追求一个梦想”就足够了。

经过不懈的努力，聂建国院士团队针对结构大跨重载的需要，发明了新型大跨组合楼盖结构、组合转换结构及其关键配套技术。

多项成果应用于深圳彩虹桥、重庆观音岩长江大桥、大岳高速洞庭湖大桥、天津津塔、武汉中心大厦等全国100多项工程，为国家节省了大量的投资和资源。

同学们，中国建筑的发展在几代科学家的努力下取得了非凡的成就。相信在不远的将来，你们也能为中国建筑的发展添砖加瓦，加油！

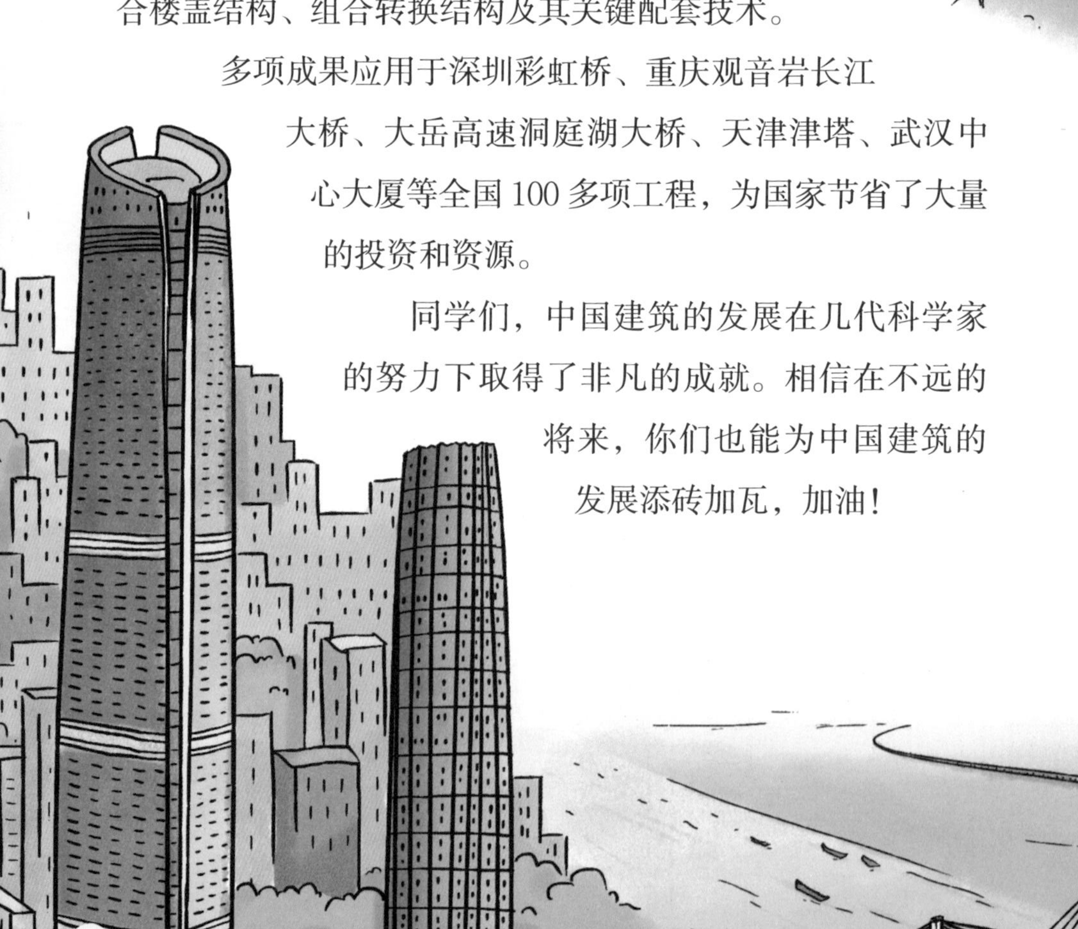

房子是台
“大机器”吗？

手脏了，你可以立刻打开水龙头洗手；想看书了，你可以马上打开台灯阅读；肚子饿了，妈妈会去厨房打开燃气灶为你做饭；寒冷的冬天到了，暖气会让房间变得温暖……我们所居住的房子，可真方便、舒适啊！

聪明的你一定知道：这些水、电、天然气、暖气，分别来自自来水公司、电力公司、燃气公司、热力公司，它们通过管道被输送到了你家。

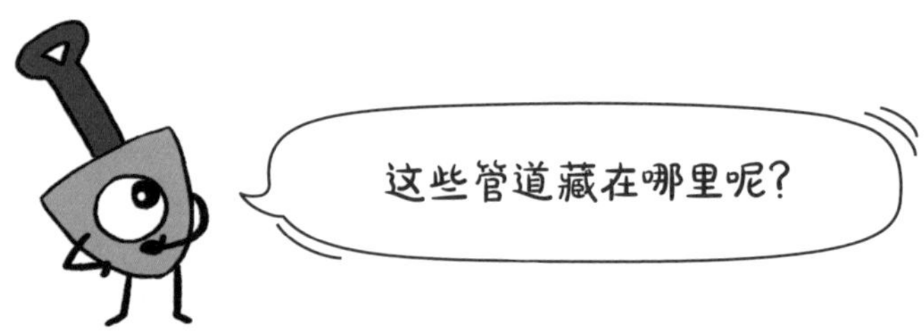

让我们一起来观察和寻找，你会发现这些管道藏在家中的墙壁、地板或是天花板里。

爱思考的你一定会想：这么多管道都藏在房子里，它们不会乱套吗？

当然不会啦！

事实上，设计师为水、电、天然气、暖气等系统安排了各自的专属路线，使它们不会“撞车”。它们时时刻刻、不知疲倦地为了我们的生活工作着，这使得房子像一台忙碌的大机器。

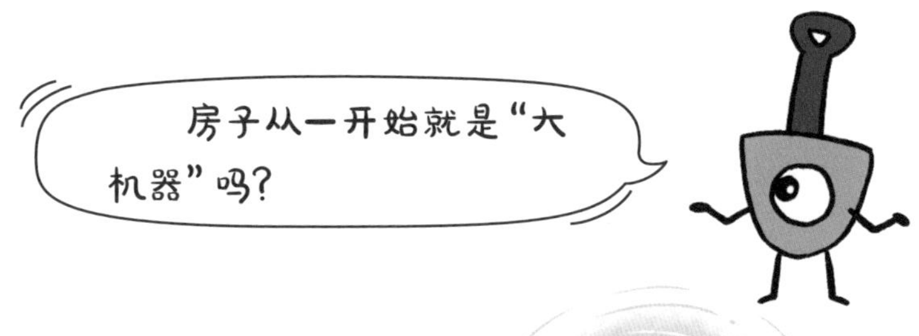

当然不是。

很久以前，我们的祖先曾经住在山洞里，照明主要依靠火把，饮水主要依靠周边的河流。那时候的房子——山洞，就是一个空壳，没水、没电，更没有暖气，还不能称作“大机器”。

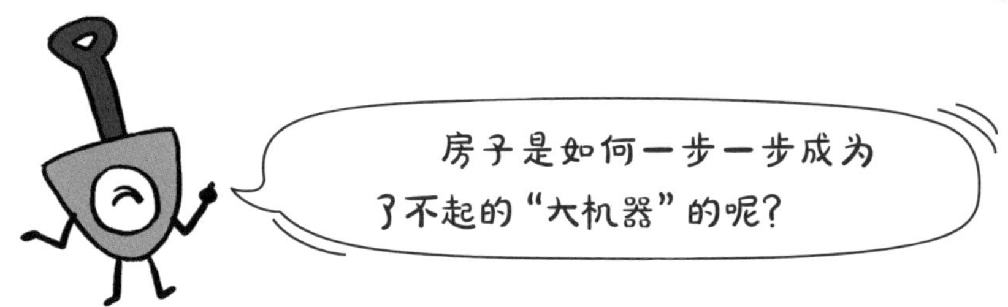

随着经济、科技的发展，人们对房子的功能要求越来越多。希望房子里有电、有水，可以洗澡、做饭，有电冰箱、电视机等电器，还可以取暖、制冷……总之，希望房子变成最舒适的地方。

于是电力系统、给排水系统、天然气系统、供暖系统、空调系统……就陆续出现了。设计师使它们有组织、有秩序地进入房子，形成电网、给排水管网、燃气管网、暖气管网、空调管网……

这些管网就像树枝一样，有粗有细，粗的像树干一样粗，细的比你的手指头还细。它们开始有条不紊地工作，这时房子便成了一台“大机器”。

我们以供暖、空调系统为例，来看看它们是如何工作的。

北方的冬天非常寒冷，有些地方的气温能低至零下 30℃。于是，供暖系统出现了。热力公司锅炉里的热水，通过室外长长的供热管道输送到建筑物里，然后再分配到各个房间，此时热水中的热量通过房子里的暖气片或地暖释放出来。这时候，你可以观察一下房子里的温度计，温度大多在 18 ~ 24℃，这个温度刚好让你感觉舒适。

而在炎热潮湿的夏季，人们希望房子里不要太闷热、太潮湿。于是，空调系统出现了。刚开始，空调系统由一台台各自工作的空调机组成，后来出现了集体工作的中央空调。中央空调的空调处理设备把空气处理到合适的温度、湿度，然后经过送风管道送入各个房间。不管是各自工作的空调机，还是集体工作的中央空调，都能对房子进行降温、除湿，把室内环境调控到舒适的范围。

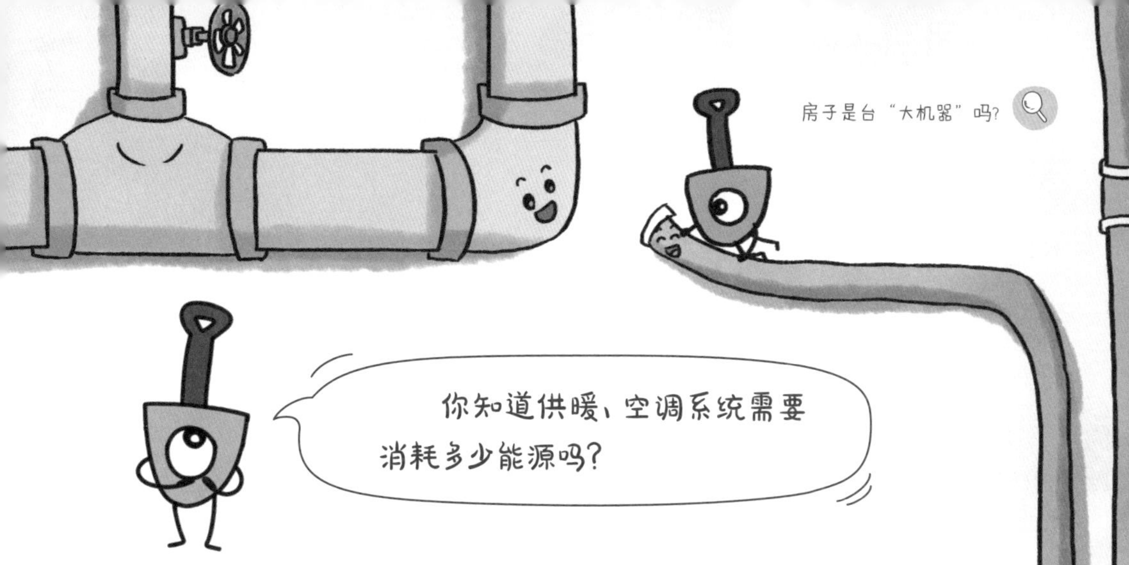

2016 年冬季，北京消耗天然气 100 多亿立方米。全国有大大小小 600 多个城市，再加上广大农村，每年冬天供暖期要消耗大量的天然气。一个普通家庭，夏季开一天空调大约需要消耗 10 ~ 20 度电，全国几亿家庭会消耗大量的电能。

除了需要大量天然气、电能，维持房子这台“大机器”运转还需要消耗许多其他能源。

在全世界能源短缺、化石能源消耗带来的环境污染越来越严重的今天，人们已经意识到节约能源的重要性，于是决心要减少房子这台“大机器”的能源消耗。

小贴士

化石能源由古代生物的遗骸在地层下经过漫长的年代，逐渐演化而来。煤炭、石油、天然气等都属于化石能源。化石能源在使用过程中会产生大量温室气体二氧化碳，同时还可能产生一些其他有污染的气体。

为了减少房子的能源消耗，有一群人越来越忙碌，其中就有“暖通空调人”。

“暖通空调人”是什么人呢？他们是管理房子这台“大机器”供暖、空调系统的专业人士，他们的工作就是既要保证房子冬暖夏凉，还要尽最大努力减少房子的能源消耗。

江亿院士

提起“暖通空调人”，人们首先想到的是一位老“暖通空调人”——清华大学江亿教授，他是我国暖通空调领域第一位中国工程院院士。

1973 年，已在内蒙古农村插队 4 年半的江亿被推荐参加高考，并成功考取清华大学建筑工程系的暖通专业。当时的江亿，压根就不知道暖通是怎么回事，只是抱着“国家要我学什么专业，我就学什么专业”的心态开始认真学习。随后，江亿考取清华大学热能系的研究生，获得硕士和博士学位。

“做点实实在在的事，才能对得起老百姓。”带着这样一种朴素的想法，江亿的研究始终没离开一线，没离开民生。借鉴农民打窑洞存苹果的土办法，江亿和他的团队研究出“土窑洞 + 自发式气调技术”——打出几十米深的窑洞，再修一条通风道，通过控制窑

洞内外空气的流通来调节洞内温度，不消耗水电能源，就使得洞内温度常年控制在 0 ～ 6℃。这样一来，秋天收获的苹果保存到来年夏天依然水分充足、清脆甘甜，解决了那时苹果产区建不起冷库、苹果储存期不长的问题。随后，他又本着老老实实为老百姓做点儿事的态度，带领团队解决了农民储存白菜的问题。

进入 2000 年后，改变能源结构和能源消费方式，解决碳排放问题，慢慢成为全社会关注的焦点。江亿院士开始关注建筑的节能减排问题。

建筑节能这件事有多重要？江亿院士用这样一组数字来解释：“建筑能耗大约要占到全球总能耗的 1/3 以上，在发达国家甚至有可能达到 40% 以上，在咱们国家也超过了 20% 的比例。它对生态环境的影响很大。

“未来就是要靠风电、光电、水电、核电和生物质能构成的零

碳能源系统，慢慢替代燃煤、燃油、燃气等为主的化石燃料系统，只有这样才能够真正实现我们在能源领域的可持续发展，实现零碳目标。”

为了实现这个目标，江亿院士开始在全国推广“光储直柔”技术。这项技术是发展零碳能源的重要支柱。简单来说，将“光储直柔”技术用在房子这台“大机器”上，不仅可以继续营造舒适的室内环境，还可以利用太阳能发电实现“自给自足”，最大限度地降低化石能源的消耗，减少对生态环境的污染。

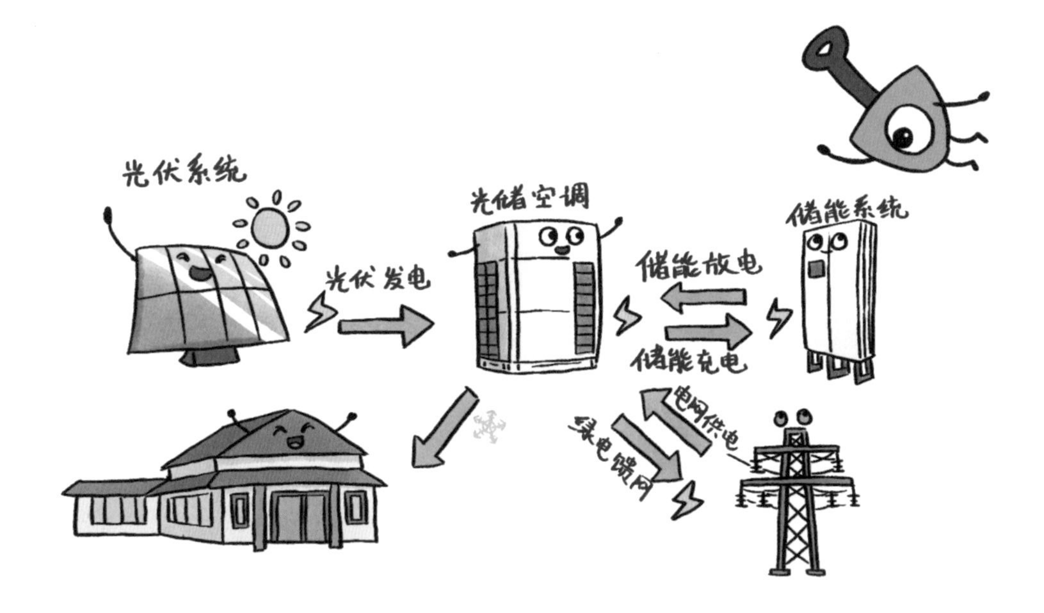

在不远的未来，也许你也会参与建造房子，那时，希望你也能像江亿院士一样，既心系百姓冷暖，又关注可持续发展，让房子这台“大机器”更节能、更舒适、更环保！

房子也要
“化妆”吗？

“欲把西湖比西子，淡妆浓抹总相宜。”宋代诗人苏轼将西湖的“晴”与“雨”巧妙地比作“淡妆”和“浓抹”，西湖之美跃然纸上。

现在我们也常将“淡妆”“浓抹”与“美”联系在一起。你见过妈妈化妆吗？不管她是化淡妆还是化浓妆，都是为了将自己美好的一面展现出来。

化妆要运用色彩、明暗对比的规律与技巧，引导视觉效果，弥补不足，强化个性，增添美感。

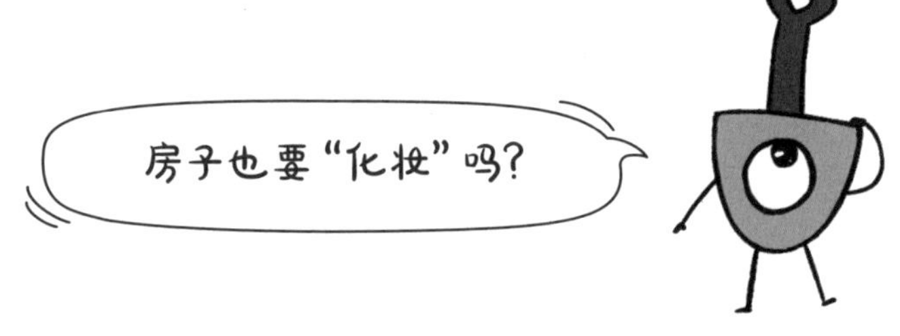

当然啦！房子里有卧室、客厅、厨房……想使每个空间功能突出、个性鲜明，就要求我们给房子进行一次名为“装修”的“化妆”。

你见过不曾“化妆”的房子吗？

有不少房子在建成时还处于毛墙、毛地的状态，被称为“毛坯房”。这个“毛”字代表着建造房屋的水泥等材料，表面粗糙，达不到我们居住的要求。

装修会用更柔和细腻的材料贴附表面，有点儿像化妆时的底妆，不过房子的“底妆”不仅要漂亮，还要发挥整理及保护等多重功效。

我们知道家中的墙壁、地板和天花板里隐藏着电网、给排水管网、燃气管网、暖气管网、空调管网……这么多的管网像树枝一样有粗有细，分别通向各个房间，连接各种设备。我们平时之所以看不到这些复杂的管网，正是装修中的“隐蔽工程”巧妙地将它们藏好了。

装修时，可以通过桥架、合并、包裹、暗铺、嵌入、铺贴等方法，对管网进行遮盖，使房屋表面平整，既整洁美观，又对管线和人身起到保护作用。

有特定功能的房间需要特别的装修。

教室装修一般会采用浅色墙面配合大窗户，来保证教室明亮的自然采光。不过度装饰，使黑板成为注意力的焦点。有的教室还要提前做好隐蔽工程，嵌入电子白板。

微机教室与精密制造车间，不仅要提前统筹好隐蔽工程，墙面、地面还要采用抗静电和难燃烧的材料来装修，以保证人身和机器的安全。

大家常去的观影厅会采用内部有小孔的吸声隔音材料和布艺皮革作为墙体表面，地面也常会铺地毯来吸收声音，这是为了营造一个可以沉浸其中的、更高标准的观影环境。

类似的例子还有很多，在生活中你只要细心观察，就能发现。

建筑装修遇到的工程问题比妈妈“化妆”要复杂得多，不过科学家总是一边解决工程问题，一边孜孜不倦地追求浑然天成的艺术境界。

何镜堂院士主持设计的上海世博会“东方之冠”中国馆，就是这方面的优秀典范。

作为主办国的文化象征与标志性场馆，中国馆的外形选择了中国传统

何镜堂院士

木构技术“斗拱”的意象。这座“斗拱”由 56 根梁柱支撑起来，象征着中国 56 个民族大团结。

中国馆令人印象深刻的“中国红”，其实并不是一种颜色，而是精心考究还原的多种红色。何镜堂院士说：“我们在挑选红色时颇费了一番周折，开始入选的有故宫的红、红旗的红等，最终我们用了七种深浅不同的红色，最上面用深一点儿的红，最下面用浅一点儿、亮一点儿的红，组合起来视觉效果很好。”

由深到浅的红色渐变增加了建筑外观的光影层次，但在试样中，何镜堂院士注意到，内部墙体背光位置的红会发暗。后来，设计团队通过软化调制中国红，使内部装饰也形成一种红色渐变韵律，消除了发暗现象。

这些红色要由钢结构上拼贴的铝板来实现，这就带来了一个新

难题——拼接工艺与铝板的质感会破坏整体效果。为此，设计团队又发明了“灯芯绒状肌理”，在铝板表面处理出粗细深浅不同的绒条状纹理，不仅隐藏了拼接痕迹，还使冰冷的铝板带上了一丝绒布的柔和细腻感。

中国馆演绎了建筑与传统文化、建造和装修浑然一体的艺术效果，成就了完美的世博地标，最终被作为永久建筑保留下来。

中国馆内部

俗话说：“美人在骨不在皮。”为了提升建筑的美感，工程师也在不断探索建造技艺的前端技术——在“骨”上下功夫。

例如装配式建筑——在工厂提前制作好建筑构件与部品，在建造现场拼装组合成为建筑。这一模式具有效率高、精度高、浪费少的优势。这样的建筑在构件与部品设计阶段就可以实现装修，是一种通过前期定制来减少后期“化妆”的全新建筑。

作为国家制造业发展的有力支撑，我国的装配式建筑在 20 世纪 50 年代就起步了，但一直与德国、日本等国家有着较大的差距。

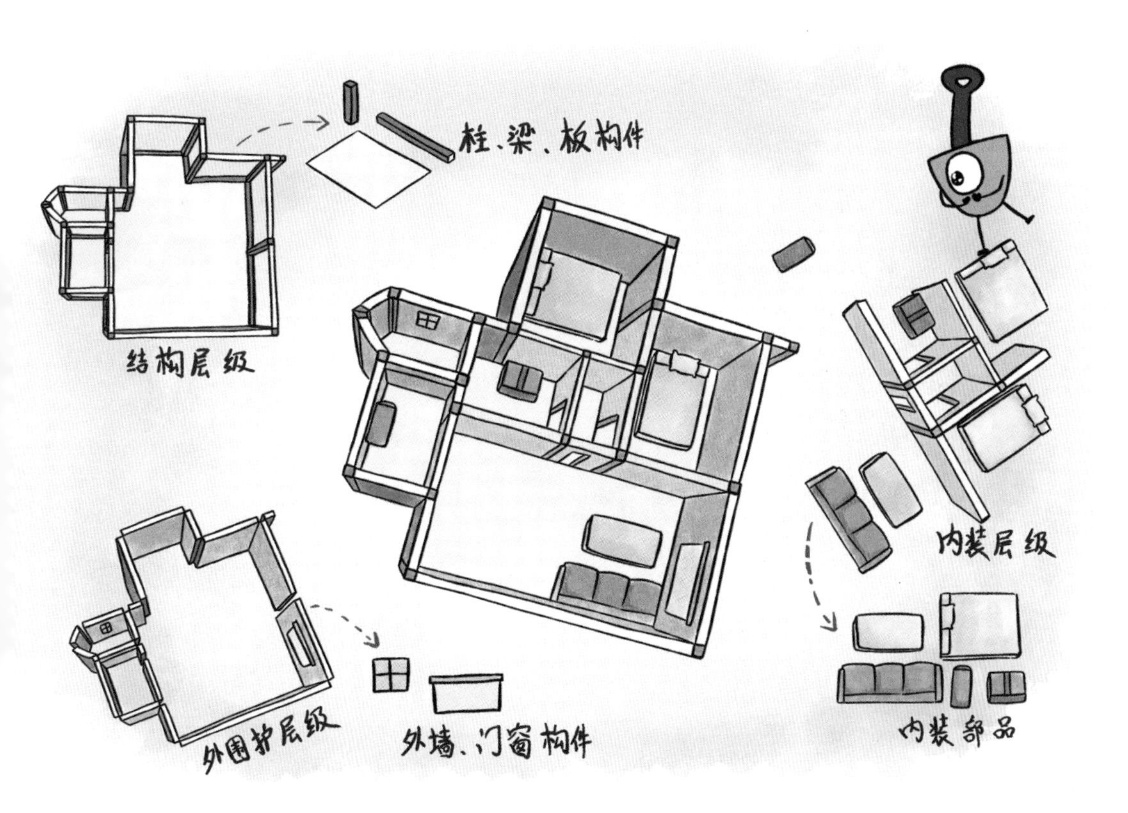

建筑师樊则森意识到，装配式建筑是我国推进产业现代化和智能化的必由之路，我们必须迎头赶上。

建筑师樊则森

在中国传统木建筑体系和钱学森先生系统科学思想的启发下，樊则森深入钻研，不断探索，终于梳理出装配式建筑的系统架构，并成功在我国规模最大的公共住房项目——深圳长圳社区进行了应用。

一般情况下，我们在建筑结构完成之后才能进行内装修，深圳长圳社区实现了内装修与建筑结构建造同时进行，也将个性化定制装修第一次深入到了设计制造前端。

房子建造完成的同时，内部装修也完成了，这是不是更节能、更高效呢？同学们，未来建筑工艺的每一个突破，都期待着你的想象力和智慧！

我们能用机器人
盖房子吗?

“天高云淡，望断南飞雁。

不到长城非好汉，屈指行程二万。

……”

一代伟人毛泽东用一首经典的词，将豪迈的长城精神与乐观的长征精神有机融合，表达了红军必将夺取胜利的坚定信念。

同学们，你们去过万里长城吗？

它东起山海关，西至嘉峪关，像一条气势磅礴的巨龙，静静地守护着我们的壮美山河。

长城的平均墙高比两层楼房还要高，长城上可以并排行走 10 个人。据推测，如果用现存长城所用的砖石夯土等修建成一道高 5 米、厚 1 米的城墙，可以绕地球一圈。

在古代，由于缺乏大型运输和施工工具，人们只能用双手搬运沉重的砖石，只能使用手工工具。古人修筑长城，就像精卫填海。

小贴士

在东海之中溺水而亡的精卫，化作一只小鸟，誓要将这片汪洋填平。于是，精卫这只小鸟，不断地衔来小石子和小树枝，投入东海，日复一日，年复一年。

现在，我们有没有更快、更省力的建造方式呢？

当然有。

现在，我们可以先在工厂，通过机器设备制造很多建筑部件，然后在施工现场像搭积木一样，快速地将部件组装成房子。

这种建造方式如同精卫叫了成百上千只小鸟，大家一起衔石填海，速度就快了很多。

这是不是目前我们能够达到的最快、最省力的建造方式呢？

当然不是。

有一种效率更高的机器已经出现在建筑施工中了，那就是建筑机器人。

建筑机器人的出现，就像是精卫填海时请来了齐天大圣孙悟空。只见孙悟空拔下一根毫毛，轻轻一吹，成千上万粒石子，瞬间就被投入了大海。

如果我们现在修筑万里长城，花同样的时间，仅仅需要一台砌砖机器人就可以完成当时所有人的工作量。

这是不是很神奇？

用机器人盖房子已经不再是遥不可及的梦想。

2021 年 2 月，我国在上海、重庆和广东开展了智能建造试点，在建筑工地上，人们看见一个个厉害的小机器人正在东奔西走，测量、砌砖、喷涂，真是神奇的景象啊！

还有更神奇的呢，你听说过 3D 打印建筑吗？

没错，就是利用机器人直接“打印”出来房子。这就像马良的神笔，建筑师们只要在图纸上画出房子，建筑 3D 打印机这支神奇的“画笔”，就能直接“打印”出房子。

天府农业博览园“瑞雪”展馆就是一个例子。“瑞雪”展馆的建筑面积是 1031 平方米，屋面面积近 2200 平方米，由 3300 块打印板拼装构成，是目前全国大型的 3D 打印建筑之一。

如果在建筑现场，直接将房子打印成型，无须拼装，是不是就更厉害了?

这项成果来自苏铠工程师及其团队的一项国家级课题研究项目。这项成果标志着3D打印技术在建筑领域取得突破性进展。

这样的建筑技术与工艺，绝对不是一夜之间就能取得的。

我国在3D打印建筑的研究方面起步较晚，面临着技术落后、新材料研发困难、参考案例少等诸多难题。以苏铠为首的优秀工程师以及年轻的科研人员不畏艰辛，迎难而上，成立了“劳模和工匠人才创新工作室”。

在这里，每一个建造过程，团队都需要进行上百次尝试；每次遇到问题，团队都会在工作室里展开讨论，进行头脑风暴。苏铠和团队科研人员很少休息，每天除了吃饭、睡觉，其他时间几乎都投入到这项工作中。这其中，还有个让大家津津乐道的“丁零零”洒水车的故事。

3D 打印建筑的材料是一种特制混凝土，这种材料在凝结的过程中容易快速放热，产生裂缝。这个问题解决不了，3D 打印就无法施工，工期一拖再拖。

这天，正当大家为这个难题一筹莫展的时候，工地外传来了一阵“丁零零”的音乐声。大家一看，原来是洒水车路过的声音。

“洒水车？有了！”团队里的一名成员突然大声说道，“我们也给 3D 打印机装个‘洒水车’吧。”

说干就干，苏铠团队通过不断尝试，最终真的在打印设备上安

装了喷洒头，及时对混凝土进行洒水。

这一招不仅解决了特制混凝土放热过快而产生裂缝的问题，还很好地控制了成本，一举两得。

类似的难题不胜枚举。

因为有这种坚持不懈、艰苦奋斗、团结一心的精神，经过三年的技术攻关，以及反复的实验打磨，苏铠团队终于实现了从无到有、从小到大的突破，最终成功地“打印”出了这栋建筑。

原位 3D 打印不仅建造速度快，还节省了一半以上的人工和 20% 的建筑材料，整体上节省了 30% ~ 50% 的成本。

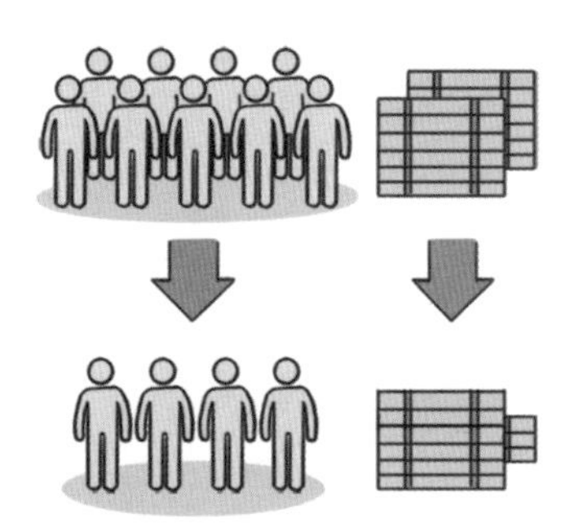

如今，我国的建筑 3D 打印技术已经走在了世界前列。世界上最大的 3D 打印建筑——羊曲大坝建筑项目，即将在我国青海省建设落成，这是一件多么令人骄傲的事呀！

从曾经数万人砌筑长城，到现在一台机器就能建造一栋房子，未来，你又会发明什么新技术来建造房子呢？

你知道
中国建筑中的
“巨人”是谁吗?

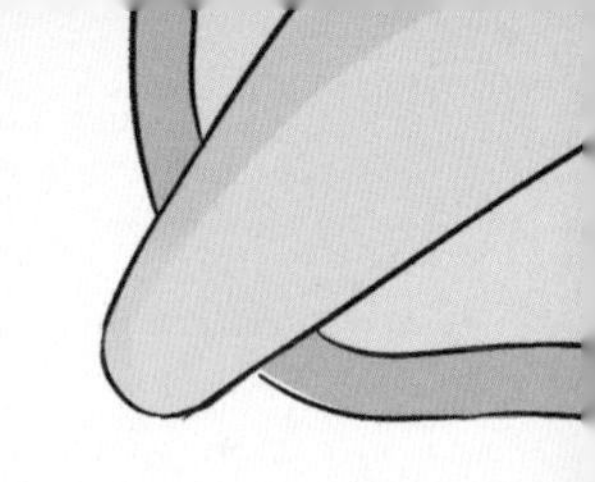

传说远古时期，宇宙一片混沌。

有一位叫盘古的巨人从黑暗中醒来。他拿起巨斧用力一挥，便将宇宙劈成了天和地。为了防止天地重新合在一块儿，他便头顶着天，脚蹬着地。

天每天升高一丈，盘古也随着长高。这样过了 18000 多年，盘古足足长到了 15000 多千米的高度。他的双臂伸开，可以抱住半个地球。

哇，盘古可真是一个名副其实的超级巨人呀！

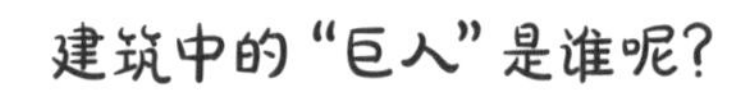

建筑中的“巨人”就是机场航站楼。它相当于数十个足球场的面积，可容纳大型商场几倍的人流量，而且建筑标准非常高，构造非常复杂，视觉上也非常壮观……啊，果然是建筑中的“巨人”！

航站楼为什么要建那么大呢？

首先，容纳的人数需要。

作为交通工具，飞机方便、快速，越来越多的人选择坐飞机远行，这就使得航站楼需要巨大的面积来容纳络绎不绝的旅客。

其次，流程需要。

为了让出站和到站的乘客准确找到方向，有序乘机、出站，在很多大型航站楼内，进站口和出站口往往不在同一层。这种单向流程，也需要航站楼建得很大。

那么，谁是机场航站楼这个建筑“巨人”中的“大哥”呢？

它就是北京大兴国际机场航站楼。

我们来看几个数据：

北京大兴国际机场航站楼的建筑面积达到了140万平方米。什么概念呢？如果把它一层一层铺开，足足是200个足球场面积的总和。

令人自豪的是，在世界上所有的单体航站楼中，北京大兴国际机场航站楼是最大的。

看到这里，你会不会有这样的疑问：这么大的一座建筑，建造起来一定很困难吧？

确实如此。

要说困难，排第一位的是结构问题。

建筑面积相当于 200 个足球场的航站楼，要在柱子足够少的情况下，保证绝对安全，这个难度，就如同你要用几根筷子来支撑住一头大象一样。

此外，交通更是一个不容忽视的问题。

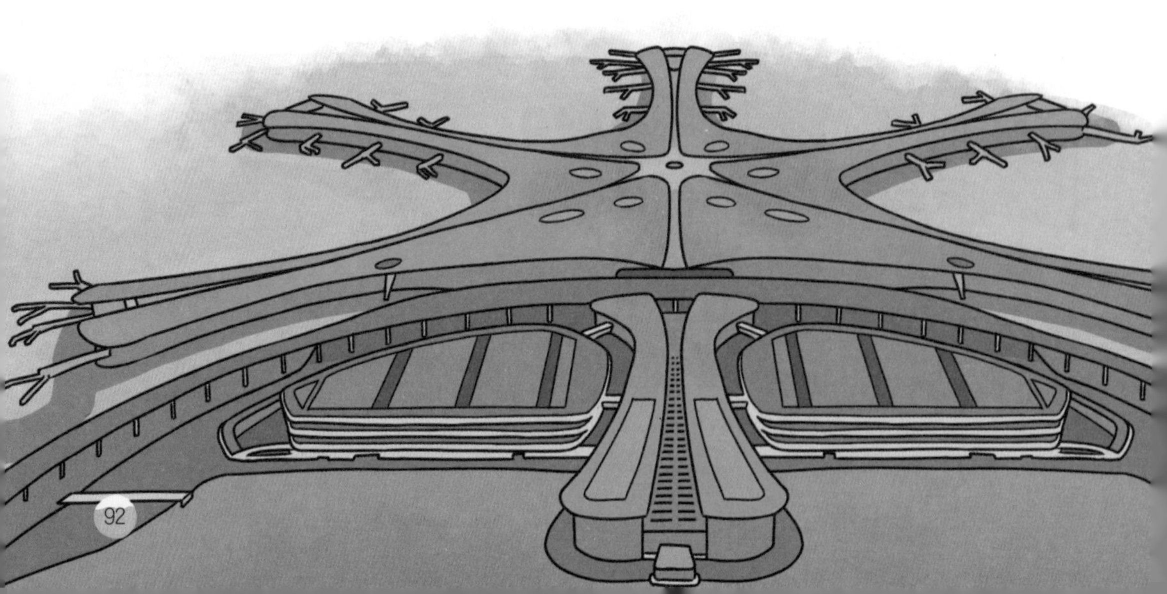

每周一，你会在学校操场上参加升国旗仪式。全校同学都要在同一时刻在操场上集合。仪式结束，又要在同一时刻回到各自班级。这两个时刻校园的人流量都很大。

而北京大兴国际机场航站楼需要处理的，可能是几十倍、几百倍于你们学校升旗仪式的人流量，而且进出需要同时进行。

大兴国际机场航站楼是由中方团队主导、国外团队配合建造的。建造之初，国外团队产生了疑问：这样的建筑巨无霸，真的能建造出来吗?

带着这样的疑问，国外专家根据现有技术进行了很多计算机模拟实验，最后得出了一致的结论：要想以现在的技术手段，建成这样一座建筑，根本就是天方夜谭!

但中方自己的建设团队认为：只要不怕困难，勇于创新，这座建筑一定能由中国人亲手建成。

在郭雁池总工程师和王晓群总建筑师的带领下，团队本着“有困难冲破困难继续上”的精神，不断进行着技术创新与攻坚。经过长达五年夜以继日的艰难施工，终于打败了一个又一个叫作“不可能”的“大怪兽”，将“天方夜谭”变为了现实，并在这个过程当中创造了两个“世界之最”。

这两个世界之最所解决的问题，正是当初国外专家觉得无法解决的结构和交通问题。

除了结构和交通这两个“大怪兽”，在大兴国际机场的设计建造过程当中还有无数的“小怪兽”拦在设计师面前。但以郭雁池和王晓群为首的无数建设者，大胆假设，小心求证，以非凡的想象力和过人的智慧克服了一个又一个技术难题。

作为中国规模最大的空地一体化综合交通枢纽，大兴国际机场有高铁、地铁、城际铁路等五种不同类型的轨道，能实现“立体换乘、无缝衔接”。但是，高铁快速驶过时，会产生建筑震动。如何确保航站楼的抗震安全性?

设计师们决定在航站楼中心区采用隔震技术，共设置隔震支座1152个，将上部结构与下部结构形成柔性连接，减缓轨道快速穿过时的震动对上部结构的影响。

在郭雁池看来，交通建筑应遵循以人为本的设计理念，是与环境、生态、文化完美和谐统一的产物。大兴国际机场航站楼的外部构型是一个中心放射五条指廊的形状，设计师们的想法很简单——以旅客为中心，尽可能缩短旅客的步行距离，让旅客在最短的时间内登机。此外，五条指廊的尽头还分别设计了丝园、茶园、瓷园、田园，以及中国园这五座“空中花园”。设计师们希望旅客在候机的时候，能感受中国的文化之美。

郭雁池一直津津乐道的，还有机场的无障碍建设。他希望出入大兴国际机场航站楼的每个人，都能有尊严地出行。低位柜台和斜面托运行李机方便残障人士值机；电梯里有配套的盲文和应急按钮；无障碍卫生间里有为残障人士设计的特定栏杆，触手可及之处还安装了急救按钮……大兴国际机场作为中国面向世界的窗口，无处不展示出设计师们对不同群体的包容与关怀。

有温度的机场背后是一个温暖的超级团队。如同王晓群所说："大兴国际机场的建设不是某个人的功劳，这背后，是超过 10 万名建设者的全力以赴。"

从天安门出发，沿中轴线向南 46 千米，你就能看到这座被称为"新国门"、犹如展翅欲飞的凤凰般的建筑，在阳光下熠熠生辉。

科技总在不断进步，过去总会被未来超越。今后，我国的机场又会是什么样呢？你不妨大胆地想象一下。说不定以后建成它们的，就是你哟！

建筑可以“变身”吗?

四时流转，万物更替。

当大雪纷飞时，人们会穿上厚厚的棉衣，在房子里燃起炉火或者打开暖气；当烈日炎炎时，人们又会换上轻便的短袖，开启风扇或者空调。

我们的房子可以变，冬暖夏凉。

学校的操场也可以变，既可以是同学们上体育课的场所，也可以是学校运动会、群体游戏的场地，还可以是表演节目的舞台……

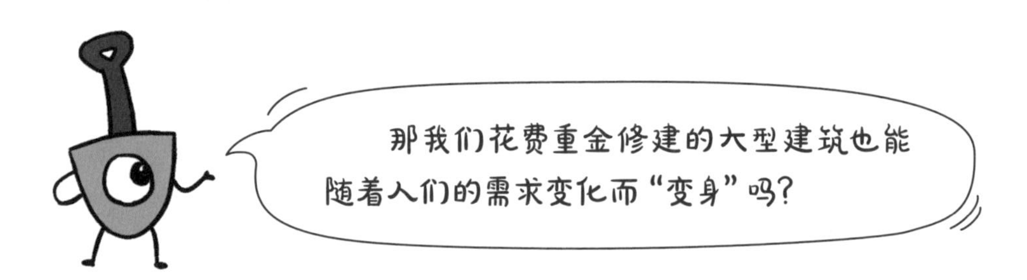

答案是肯定的。

北京是全球首个“双奥”之城，在这里顺利举办了 2008 年夏季奥运会和 2022 年冬奥会，留下了无数精彩的故事与美好的回忆，也留下了许多了不起的奥运建筑。

奥运体育场馆往往规模都很大，建造标准也很严苛，好不容易建成的奥运体育场馆，如果在赛后闲置，那就太可惜了。可喜的是，建筑师们经过不懈努力，使它们实现了“变身”。

有的场馆是见证了夏季奥运会与冬奥会的“两朝元老”。例如：国家游泳中心“水立方”，在2008年夏季奥运会时，是游泳、跳水等项目的比赛场地。在2022年冬奥会时，是冰壶项目的比赛场馆，“水立方”变成了“冰立方”。

有的场馆在赛时主要为运动员提供服务，在赛后成为全民健身运动的好去处，同学们也可以去奥运场馆里运动、玩耍哟！比如你可以和爸爸妈妈一起去河北张家口冬奥村来一场美妙的户外运动之旅，未来还可以在“雪飞天”首钢滑雪大跳台滑水和滑草。

不过，让庞大又专业的奥运体育场馆实现“变身”，可不是一件容易的事情。

建筑师们是如何克服重重困难，让这些奥运建筑实现“变身”的呢？

早在2022年冬奥会开始之前，我们国家就已经对整个冬奥会全过程提出了“面向未来，实现可持续发展”的“中国方案”。可持续发展不仅要求原有场馆可以被创新性地再利用，还要求新建场馆和改造场馆在绿色节能方面达到更高的标准。

技术上的空白、时间上的紧迫、改造项目本身的困难、高标准赛事的要求……面对种种困难，中国的建筑师们应当如何做好这份“中国答卷”？

赛后利用贯穿设计全流程的创新精神，点燃了建筑师们的灵感火花。

在赛时，奥运场馆的竞赛设施主要为运动员服务，其使用者是经过专业训练的人，赛后普通人怎么使用呢？

例如：跳台滑雪需要运动员像超人一样从百米高空凌空而跃，怎么让跳台滑雪的建筑能同时满足“超人”与“常人”的需求？

国家跳台滑雪中心“雪如意”的总设计师张利和他的团队通过三大方法，将“超人”运动员飞身而下的跳台转变成同学们也可以去玩耍的地方。

一是将“雪如意”的“柄首”首创性地设计成一个“偏心”的圆环，这个运动员出发的场地，赛后可以“变身”为人们集会的共享空间；二是打破传统，将跳台尾端做成马蹄形，为未来可以“变身”成

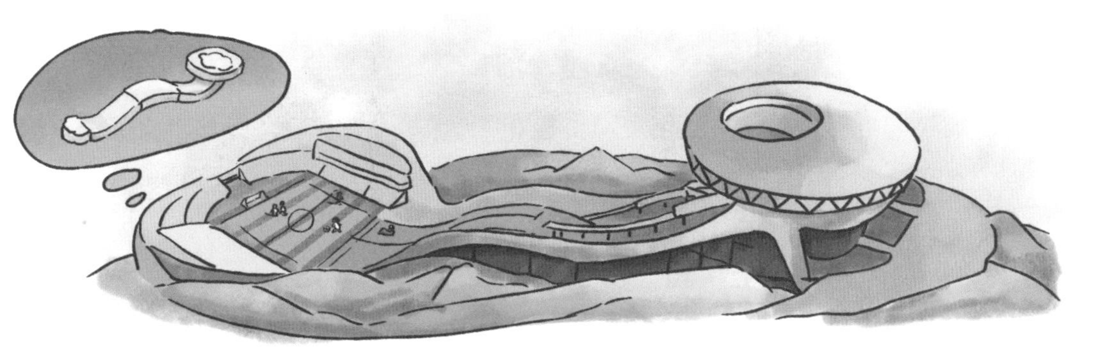

足球场等多功能活动区域提供可能性；三是增设了四条可以沿着跳台滑雪赛道攀登的阶梯，使人们在赛后可以有序地体验大跳台。

张利及其团队的巧妙设计，使“雪如意”实现了赛时专业性冰雪运动场馆与赛后休闲性大众健身场所的共用。

建筑师张利

2016 年，建筑师李兴钢带领团队，第一次来到位于北京市延庆区的小海坨山。他发现在这里目力所及皆是崇山峻岭，洋溢着原始的气息与自然的活力。

此时，李兴钢和伙伴们便暗下决心，一定要在这片山峦环绕、密林层叠的原始山林里，设计出一个拥有“山林场馆、生态冬奥”

理念的赛区，既能为运动员提供高质量的比赛场地，又绝不破坏壮丽秀美的自然景色。

由于山林的覆盖，现有的地形图不够精确，设计团队便在没有道路和市政设施的深山里自行徒步实地踏勘。由于不同设计阶段的需要必须进行多次实地踏勘，李兴钢每次都亲自带领大家一起进山，每次踏勘都需要十多小时，开始上山时天刚蒙蒙亮，下到山脚太阳已经落山。

实地踏勘的过程非常艰苦，夏季需要忍受高温酷暑，冬季需要在齐膝的雪地中跋涉；翻越陡峭的山坡会累得几乎虚脱，有时还会有经历山顶落石的危险。

最终，经过不懈努力，李兴钢带领的设计联合体团队设计出了惊艳世界的国家高山滑雪中心——“雪飞燕”、国家雪车雪橇中心——“雪游龙”。

由预制装配式结构架设形成的迭落式建筑平台，穿插于山谷之中，弱化了场馆在自然环境里的介入感。比赛过后，这些装配式结构平台可以根据赛后需要被拆解移除，结合滑行中心遮阳棚结构设计的屋顶步道，使得运动场馆同时转变成为一个可以让游客们漫步于山林之中的景观设施，在“表土剥离”等生态保护和修复技术的辅助下，小海坨山最大限度“变身”回风景秀丽、生态良好的样貌。李兴钢带领团队，用汗水和智慧让当初的决心和理念变为现实。

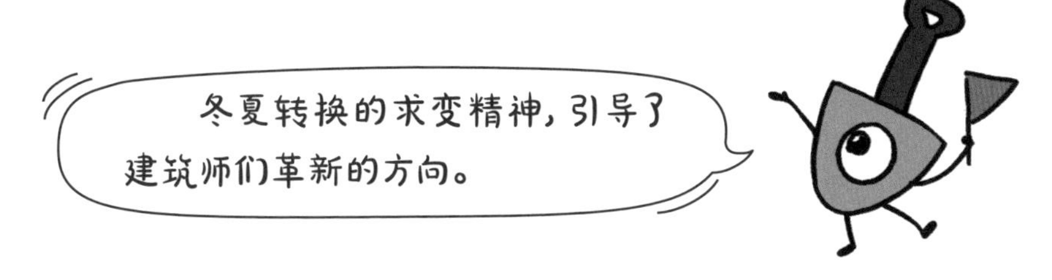

同学们所熟知的“水立方”是2008年夏季奥运会的标志性场馆，运动员们在这里取得了无数令人骄傲的成绩。

2022年冬奥会对这座水上场馆提出了新的要求，希望它可以在保留水上竞赛功能的基础上，增加全新的冰上功能，实现由“水立方”到“冰立方”的转换。

曾担任“水立方”总设计师的郑方，带领团队再次来到了这座曾经无比辉煌的场馆，在改造场馆的“变身”设计上贡献了一份可持续发展的“中国智慧”。

由“水”变“冰”，说起来简单，

做起来难。冰壶运动是一项极为精细的运动，被誉为冰上的“国际象棋”，对冰面的要求也最为严苛。

为了保留“水立方”原有的泳池功能，他们设计了“可移动冰场”，即在泳池上搭建可拆装的冰壶赛道。为了保持冰面的稳定性和平整度，他们用 2600 根 3 米高、2 米长的薄壁工字钢，设计搭建了支撑冰面的可转换钢结构，通过无数次的荷载试验，最终取得成功。

经过建筑师们的不懈努力，2022 年冬奥会上，这些能“变身”的场馆为运动员们提供了高标准的比赛环境，也填补了多项世界级的技术空白。

今天，这些可以“变身”的奥运场馆仍在被有效使用着。

希望在未来的某一天，同学们也加入让建筑“变身”的队伍，为可持续发展奉献自己的力量！

高楼大厦组合在一起
就是城市吗？

同学们，你们对城市印象最深刻的是什么呢？

没猜错的话，一定是城市中那些高楼大厦吧。

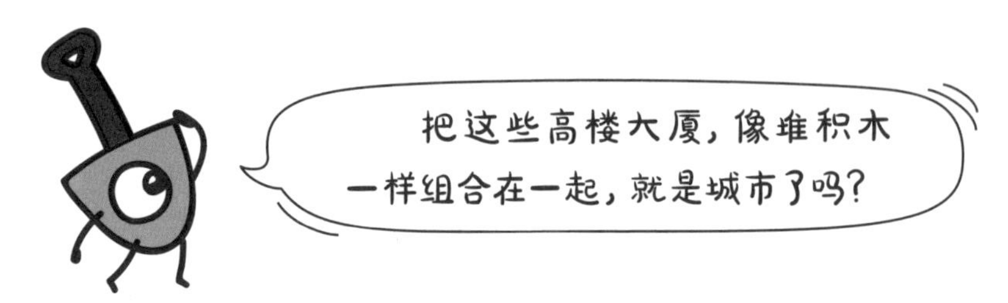

其实啊，高楼大厦的组合只是城市的表象，它们如何组合在一起，才是城市建筑的底层秘密。

城市是一个很复杂、很巨大的系统，我们同样可以用“巨人”来比喻它。

容纳各种类型建筑的地块，是城市巨人的肌肉。这些“肌肉”发挥的功能可不一样，供人们生活居住的地块叫作居住用地；从事生产储存活动的地块叫作工业用地；还有供我们购物、学习的商业

用地和教育用地等。

城市巨人的肌肉组合很有讲究。不同功能的用地，需要按照公平和效率的原则来进行分布，目的是尽量使我们每位生活在城市的居民，拥有同等机会，去享受各项公共设施和服务。

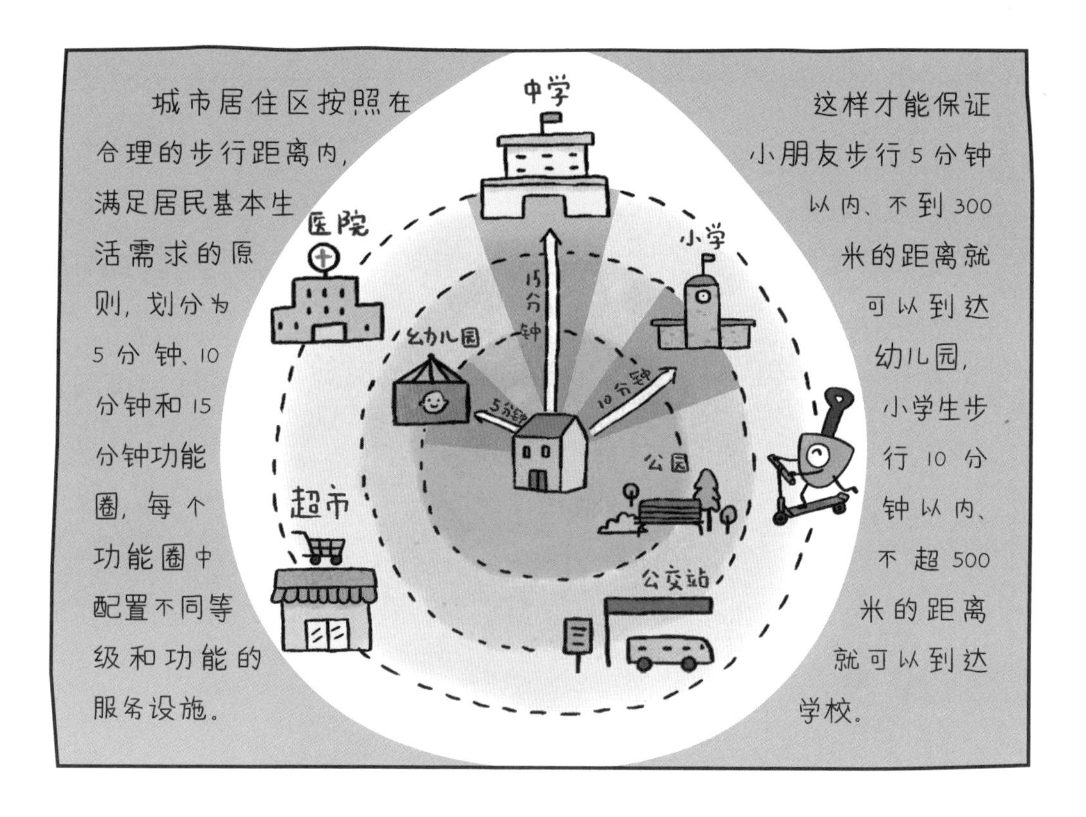

除了高楼大厦，纵横交错的道路系统组成了城市巨人的骨架。

城市道路是城市巨人自我运转和对外连通的通道。通过城市道路，城市肌肉之间产生联系，整个城市充满活力；通过城市道路，农村生产的粮食果蔬、其他城市的各种物品，才可以顺利被送到城市居民的身边。

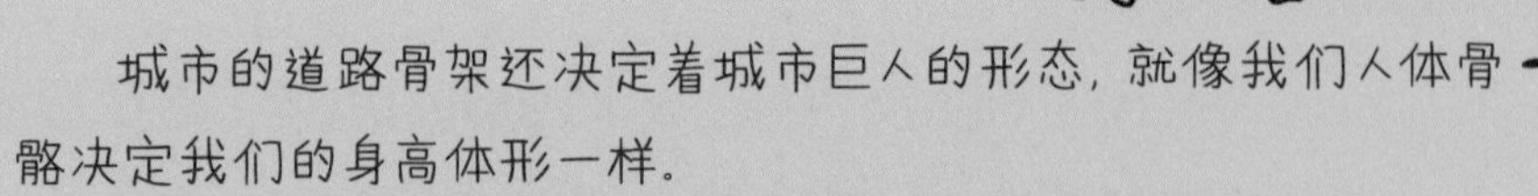

城市的道路骨架还决定着城市巨人的形态，就像我们人体骨骼决定我们的身高体形一样。

带状延伸的道路骨架会形成带状的城市，例如甘肃的兰州市；圈层放射的道路骨架会形成大饼状的城市，例如我们的首都北京。是不是很有趣呢？

在城市地表下面埋设有大量的管线，它们是城市巨人的消化系统，包括为我们生活服务的给排水、电力、燃气等各类管线。

虽然很多时候你看不到它们，但是正是“消化系统”这些管线的运行工作，为我们提供了日常生活所必需的水、电、天然气等，并消化我们生活产生的废水、雨雪天气产生的流水等，使我们可以在城市里舒适地生活。

城市真的跟我们人类好像呀！

我们人类会生病，那城市会不会生病呢？

答案是肯定的，城市跟我们人类一样也会生病呢。

随着城市居住人口的增长，高层建筑的快速增加，城市巨人的身体变得过度“肥胖”了，导致不堪重负，这时候它会“发烧”——产生热岛效应。

城市大量的建筑和硬质铺地，比郊区的土壤、植被具有更大的吸热率，会更快速地吸收太阳辐射的热量，加上大量人口集聚、

生活散发的热量，使城市温度比郊区要高，从而形成了城市热岛效应。

面对“城市病”，我们应该怎么办呢?

吴志强院士给出过治疗方案，他说：“我们所建立的城市还‘不智慧’，城市以前由交通、基础设施、用地等骨肉组成，在大数据、人工智能、云计算等的支持下，我们还需要让城市智慧起来。”吴志强院士团队已经进行了10多年的智慧城市研究，取得了不少成绩。

2010年，上海举办了第41届世界博览会，为了科学应对人流量高峰，吴志强院士团队将5.28平方千米的世博园，划分为2万多个单元，利用计算机，模拟20万~100万人的分布情况，

并据此对世博会规划方案进行优化调整。这使得本届世界博览会顺利接待参观者7000多万人次，并且打破了同时在场100万人的世界纪录。

2014年，吴志强院士团队开始进行人工智能“城市树”的研究，目的是通过建立城市发展数据库，提取城市发展规律，科学预测城市未来发展方向。

小贴士

城市树：吴志强院士团队研发的全球影像智能识别技术，通过30米×30米精度的网格，将40年时间跨度内的全世界所有城市的卫星遥感图片，进行智能动态识别并叠加，得到的城市时空演进可视化轨迹，呈树状，所以被命名为“城市树”。

这项研究在精度上超越了欧洲，将精度从1000米×1000米推进到了30米×30米；在城市数据库的挖掘上也远超美国，美国最大的城市数据库是200个城市的人工识别记录，而至2018年，吴志强院士团队通过机器识别技术，已经挖掘了全球13810个城市的“城市树”，建立起一个全球城市研究的通用平台，这可是我们中国人做出的、统一标准的世界全样本城市地图。

我国的第一个人工智能小镇,正在由吴志强院士团队进行规划。这个小镇将建立世界级人工智能产业集群，通过云端应用链接，建立智能生活的生态社区，发展低碳智慧能源，形成应对未来各类自然和人为灾害的应急预案体系和救灾空间系统，目前这可是世界上最前沿的人工智能城市模型。

科学成就的取得离不开辛勤付出，吴院士经常每天工作十七八个小时，付出了超越常人的艰辛和努力。在吴院士眼里，智能城市的规划就是用最少的资源，设计出让百姓与自然和谐共处的空间。所谓智慧城市，就是把天时、地利、人和通过数据串联起来，最终形成三者合一的效果。

2008年，汶川地震后，吴院士身先士卒，第一时间深入灾区，为灾后重建进行勘察、规划和设计。在都江堰市灾后重建规划中，吴院士团队通过城市智能平台，对城市的风流、水流、日照数据进行采集，实现了36平方千米大规模的风场、水流和地形要素模拟，并采用科学的技术手段，使都江堰城市布局与城市的风、水等自然要素和谐共生，让这座历史文化名城得以焕发新的生命。

目前，我国的智慧城市研究已经达到了国际领先水平。我国开展智慧城市设计的省会城市已达到90%以上，成为全球最大的智慧城市实施国。

城市建设是一个巨大而长期的工程，需要许许多多行业的共同努力。同学们，欢迎你们加入城市建设的队伍，为智慧城市的建设贡献一份力量。

乡村为什么不建高楼大厦？

同学们，你们注意到乡村和城市最明显的区别了吗？对了，乡村没有城市那么多的高楼大厦。

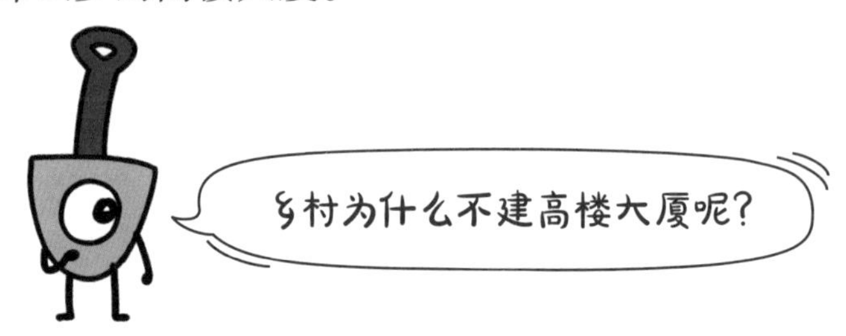

这主要是由乡村的生产生活方式与城市的差异化导致的。乡村居民主要从事农业生产活动，而城市居民主要从事工业、服务业等非农业生产活动。

乡村春种、夏耘、秋收、冬藏的生产生活方式，决定了乡村建筑的独特性。乡村居民从事农业生产，建设乡村住宅就需要考虑农具放置空间、农作物收割后的晾晒空间、农产品的储存空间等，所以农村住宅多以低层建筑为主，一般还有宽敞的院子。

为了适应当地的自然环境和村民的生产生活方式，许多乡村形成了独具地域文化特色的民居类型，例如蒙古包、窑洞、土楼等。

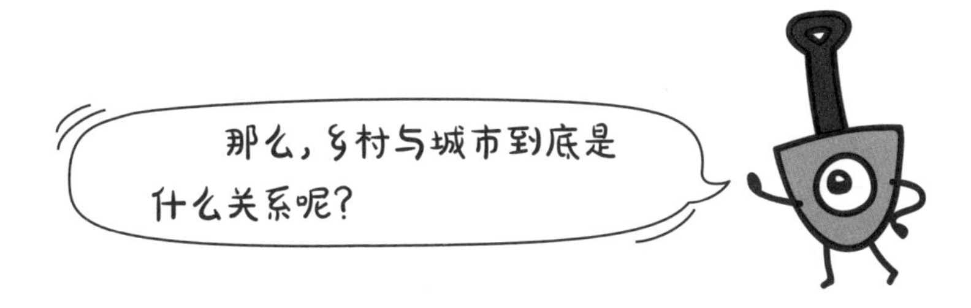

乡村和城市其实是一对联系紧密的好朋友,虽然他们资源禀赋、功能角色不同，但是经常互帮互助。乡村为城市工业提供原材料和劳动力，城市为乡村农业的发展提供技术支持等。

同时，乡村和城市这对好朋友也存在竞争关系。

尤其是改革开放以来，我国城镇发展迅速，大量年轻人入城打工或求学，留下老人和孩童留守家乡，乡村出现了严重的“老弱化”。

面对乡村发展滞后的现状，在城乡规划研究方面有突出贡献的邹德慈院士提出，我们“既要现代化的城市，也要现代化的乡村”。

他说：“乡愁一直被破坏、被忽视，所造成的损失不可挽回。乡愁是很全面的东西，方方面面、点点滴滴都是乡愁。”

在他的带动下，规划界的学者们从经济土地、管理制度、环境文化等方面展开探索，共同推进城乡统筹、城乡一体化，助力乡村振兴。

邹院士鼓励设计师下乡，呼吁分派驻村规划师，深入当地乡村生活，了解地方传统文化，有针对性地开展乡村设计，传承传统建造工艺，发展适合现代生活的乡村绿色建筑技术。他鼓励知识青年返乡支教，推动统筹城乡社会养老保险和医疗保险，改善乡村医疗教育水平。

邹德慈院士

在国家乡村振兴政策的支持下，信息、技术、数据、资金也开始从城市流向乡村……我国逐渐由“城乡二元”转向“城乡一体”的协调发展，许多乡村依托自身的区位优势、地理地貌优势、民俗文化特色，发展出了许多有特色的乡村类型。

其中有以吃农家饭、住农屋、干农活、观农景为主要特点的城市远郊农家乐乡村；有向游客展示宣传农业科技成果、农业知识为主的农业观光园乡村；还有以参与采摘、体验劳动为主的城市近郊休闲旅游乡村。

比如，位于河南省郑州市的泰山村，依托村庄民俗文化和生态优势，给游客提供丰富的中原民俗文化和乡土乡情体验，走出了一条乡村振兴的道路。

还有位于陕西省咸阳市礼泉县的袁家村，依托乡村美食和民俗文化，发展乡村旅游，最多一天接待18万名游客，远超秦始皇陵兵马俑的游客量。

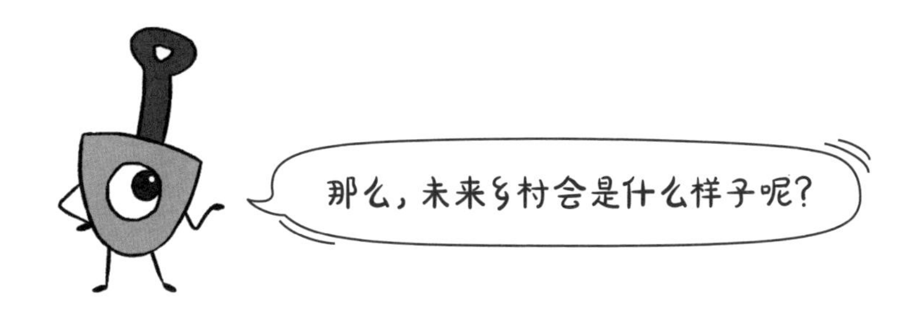

随着国家乡村政策的实施推进,乡村将会摆脱相对落后的局面,实现农业生产的机械化、产业化、信息化、规模化。伴随高素质人才的返乡,农业专业人才的培养输送,未来的乡村将拥有一批高素质、高技术的农业生产者。

那时,乡村不仅实现了现代化,还会保持自己独有的生态文化风貌:有地域特色鲜明的新民居;有稻田蛙声、金色麦浪的田园景色;有水清草茂、繁星满天的自然风光……还有日出而作、日落而息的生活节奏,以及采花扑蝶、挖藕摘茶的祥和画面……这一切将使乡村成为城市人休闲度假、文化体验、拾取记忆、亲近自然的世外桃源。

乡村和城市这对好朋友，必将携手向前，共生共荣。

同学们，你们愿意像邹院士那样，长大后为城乡规划事业而奋斗，助力祖国的乡村振兴吗？

什么样的建筑能成为一个地方的名片？
天安门

同学们有没有做过自我介绍？怎么介绍自己才能给大家留下深刻的印象呢？

告诉你一个小诀窍，除了“我叫什么名字”，说一说自己的特点，更能引起听众的兴趣。

比如，我是热爱跑步的张三，我的偶像是苏炳添，我梦想有一天也能成为“百米飞人”。

再比如，我叫李四，是个航天迷，热爱一切与航天有关的东西，我想像杨利伟叔叔一样遨游太空。

特点就像一个人的名片，有助于新朋友快速了解我们，第一时间记住我们。

那么，什么东西能成为一个地区的名片呢？

回答这个问题之前，我们先来做一个看图猜地名的小游戏。请猜一猜下面这些建筑分别代表哪个地方。

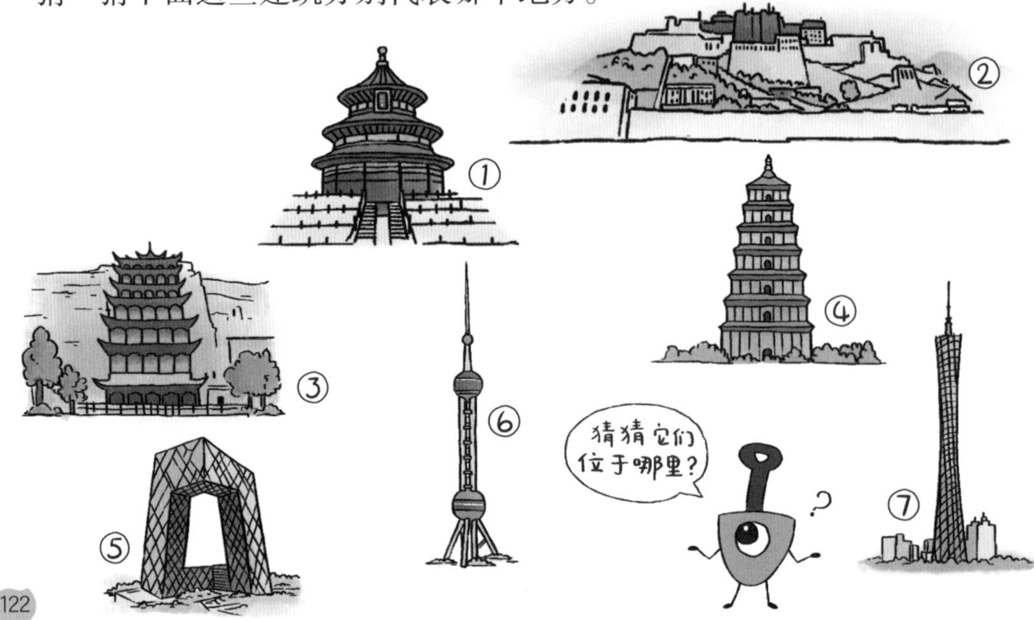

答案揭晓

同学们是不是很快就猜出来了？它们依次是北京天坛的祈年殿、西藏拉萨的布达拉宫、甘肃敦煌的莫高窟九层楼、陕西西安的大雁塔、北京中央电视台总部大楼、上海东方明珠电视塔、广东广州的广州塔。

不管是历史悠久的古代建筑，还是大气磅礴的现代建筑，都有着自己独特的气质，这使得它们能够成为一张张闪亮的文化名片。看到这些名片，我们就能立即联想到它们所在的地方。

一栋好的建筑，诞生于文化的母体，是一个城市和地区审美和价值观的体现。

让我们把目光投向唐朝，去想象长安城（现西安）大明宫的恢宏气势。

为凸显唐朝政治中心的地位，大明宫采用了前朝后寝、中轴对称、三大殿制度、宫墙防卫、庭院布局等手段，成就了当时全世界最辉煌壮丽的宫殿群。

它不仅奠定了中国的宫殿建筑制度，也对亚洲国家的宫殿建筑产生了重要影响。古时日本奈良、京都的宫殿布局在很大程度上都模仿了大明宫。

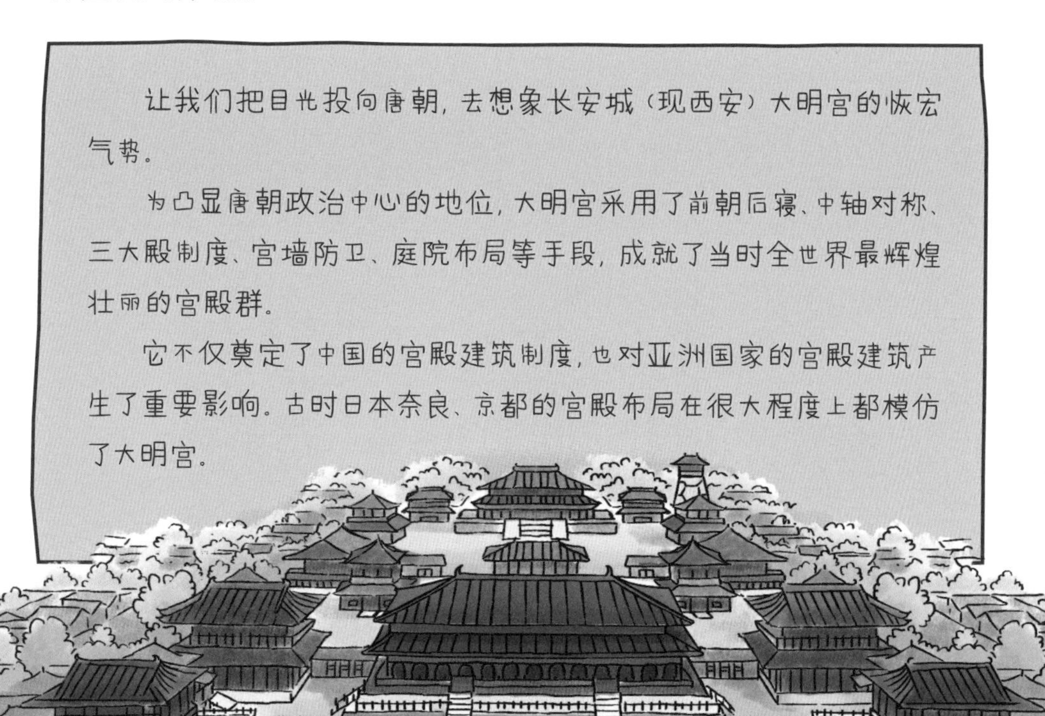

文化是建筑的灵魂，不同时代、不同民族、不同地域的人群会有不同的文化观念，建筑作品也会因此呈现出不同的风貌。

建筑师必须深入洞察当地的文化背景和历史传统，在建筑中渗透文化气质，这样设计出的建筑才能激发人们的认同感与归属感，这样的建筑才能成为一个城市或地区的名片。

优秀的建筑师除了建成建筑实体外，还要推动当时、当地文化的传承和发展。第四届“梁思成建筑奖”获得者王小东院士便是这样一位坚守祖国西部、传承地域文化的建筑大师。

王小东院士

1963 年，王小东从西安冶金建筑学院（今天的西安建筑科技大学）建筑学专业毕业。出于对建筑创作的热

爱和对新疆自然风情的向往，他响应国家建设边疆的号召，以第一志愿远赴新疆。

新疆的戈壁、雪山、森林、牧场让他心动，他在心中定下了“一辈子扎根这里,做出一番事业”的誓言。

2003 年落成的新疆国际大巴扎便是王小东院士践行誓言的代表作品。

乌鲁木齐是古丝绸之路进入中亚的必经之地，是我国西域民族文化的窗口。王小东认为：地处民族风情一条街，大巴扎不能只是一个集市，更是新疆之窗、中亚之窗，一定要处理好时代、地域和民族的关系。

带着这样的初心，王小东无数次走访考察，查阅了大量文献，对大巴扎的风格定位、功能布局、空间组织、材料构造等方面进行了全面深入的思考。

最终，一座规模宏大、功能复合的宏伟建筑群诞生了。建筑群以土黄色为主色调，融合了汉族、维吾尔族、回族、哈萨克族等民

族文化，具有浓郁的伊斯兰风格，仿佛再现了丝绸之路的繁华，成为乌鲁木齐市的标志性建筑之一。

至今，王小东院士从业65年、入疆60年，作品遍布南北疆。他的创作理念启发了无数建筑学人；他扎根新疆、爱国奉献、严谨治学的精神鼓舞了无数建筑学子。

如果说王小东院士是地区建筑文化的守护者，那么首届“梁思成建筑奖”获得者张锦秋院士便是传统文化现代应用的先行者。

张锦秋院士

陕西历史博物馆的建设，是周恩来总理的遗愿，也是20世纪80年代我国计划兴建的第一座现代化大型博物馆。设计任务书上只有一句话：“力求陕西历史博物馆建筑应具有浓厚民族传统和地方特色，并成为陕西悠久历史和灿烂文化的象征。”

张锦秋知道，这既是一次机会，更是一次挑战。

难就难在一座现代建筑，如何体现西安的悠久历史和灿烂文化。西安是周、秦、汉、唐等多个王朝的中心，其中唐朝在政治、经济、文化等领域的国际影响力足以代表我国古代的灿烂文化。因此，陕西历史博物馆一定要有唐风。

为了达到现代与传统的统一，张院士下足了功夫。

首先，借鉴我国传统宫殿的布局方法，建立起主次有序的群体关系。

其次，采用传统宫殿建筑中特有的做法“飞檐”与“翼角”，并使它们重复出现在建筑物的各个转角。

最后，博物馆以黑、白、灰为主色调，平稳安详又充满活力。

张锦秋院士的这种建筑风格融汇古今，被称为“新唐风”，有效破解了传统与现代对立的难题，也使博物馆具有了独特的气质，对我国现代建筑发展产生了重要的影响。

王小东院士和张锦秋院士的建筑作品，无不将时代、地域和民族文化内涵融入建筑创作，走出了一条极富文化底蕴的现代建筑之路。

还有一座传统与现代完美结合的建筑值得同学们关注，那就是苏州博物馆。它由“现代建筑的最后大师”中国工程院外籍院士贝聿铭设计。

苏州博物馆让人惊叹之处在于，你看到的是现代建筑的简洁线

条，内心却产生了粉墙黛瓦、马头墙等传统古建筑独有的江南意境。

博物馆的庭院大胆采用了抽象的片石假山，加上传统园林的碧池修竹，仿佛一幅展开的山水画卷。贝聿铭院士创造性地让这座现代建筑的每一处都浸润着苏州的历史文化和人文风情。

苏州博物馆与毗邻的拙政园、狮子林等古典园林完美地融合在一起，成为苏州的亮丽名片。

同学们，读到这里，你们眼前有没有浮现出自己熟悉的“建筑名片”呢？它们是什么？讲给大家听听吧。

未来的房子
会是什么样子？

提到未来的房子，你想到了什么？

像气球一样自在飘荡的宇宙飞船式房子，像倒过来的金字塔一样高高耸立的棱锥形房子，像变形金刚一样可以帅气变身的机器人房子……

展开想象的翅膀，大胆幻想吧，说不定哪一天，你的幻想就变成现实啦。

不论未来的房子是什么样的，它都应该以人为本。房子因人而生，适宜并满足人在其中生活、学习、工作等需求，这才是它的生命力所在。

以前，房子是人类的避风港。它保护人们不受恶劣天气、野兽、自然灾害等的侵袭与伤害。

现在，随着生活水平的不断提高，人类对房子的要求也越来越高。

我们可以预见，未来的房子会顺应科技发展，发生日新月异的变化。未来的房子一定是充满高科技的智慧房子！

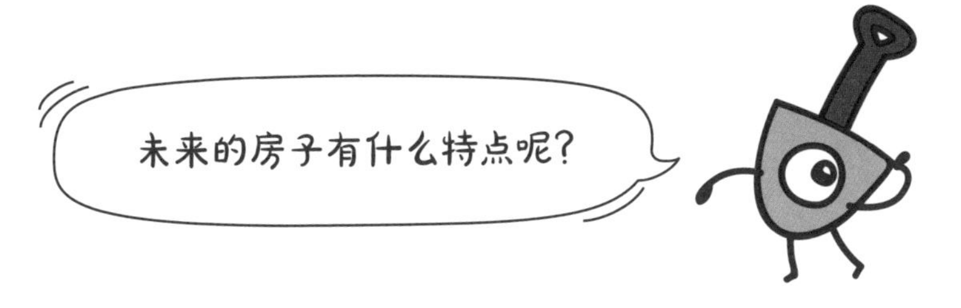

未来的智慧房子就像一个会思考的生命体，它会利用电子计算机来控制和管理楼宇的通风、供暖、给排水、内外通信和信息服务等功能，还会对建筑结构、设备系统、管理服务，以及内在联系进行优化、组合。

若干电子计算机网络相互连接，形成一个巨大的网络。这个网络就像智慧房子的触手和大脑，不仅可以随时随地感知用户的需求，还可以与用户互动，为他们提供一个高效、舒适、便利的人性化居住环境。

全球物联网、大数据、人工智能、机器人、云计算、5G 技术等的迅猛发展，为未来智能建筑、智慧城市的飞速发展提供了现实的技术支撑。

未来的房子将会是“有感觉、会呼吸、有记忆、会思考”的高科技智慧建筑。

未来的房子还会是绿色低碳的房子。

此时，你是不是马上就联想到了长满绿色植物的建筑？其实，绿色低碳的房子是通过绿色生态技术、节水节材技术等，实现绿色、低碳、生态的房子。

未来的房子还应该像健康生命体般会自主调节，自动适应环境，提供良好的空气、光、水、营养等，最大限度地保证居住者的身体和心理健康。

因此，未来的房子一定是具有智能、绿色、低碳、健康属性的房子。

在我国，许多建筑学家一直在不断探索和研究未来的房子，其中中国工程院孟建民院士就是代表人物之一。

孟建民院士 1958 年出生于江苏徐州。他说自己小时候就像没人管的野孩子，整天赶鸭子、放羊，到处游荡，基本上没学什么东西。一次偶然的机会，他在邻居家翻到了南京工学院（今天的东南大学）校园的画册，随即被优美的校园环境与建筑深深地吸引。从那一刻起，他心中便萌发了要学习建筑的念头。

1977 年，恢复高考的消息从工厂的大喇叭里传出来，那时，孟建民正在工厂里开磨床。他很兴奋，有一种春天来了的感觉，立刻决定要去考大学。

孟建民学习特别认真专注。那时，他只能利用闲暇时间复习，一有时间就在车间的水泥地上用粉笔解题。地上总是布满了他的解

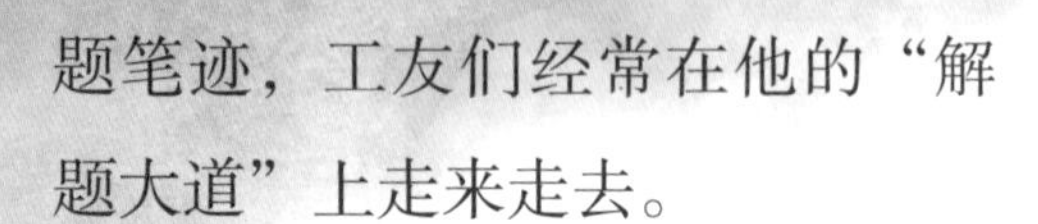

题笔迹，工友们经常在他的“解题大道”上走来走去。

1978 年，孟建民如愿考上了他心仪的南京工学院建筑系。从此，他一头扎进了建筑的海洋，并凭借认真专注的精神，刻苦钻研，精益求精，在建筑领域取得了很多成就。

“我对自己和团队都严格要求，决不允许马虎对付。可以说‘眼睛里容不下沙子’，我认为只有这样才有可能设计出好的作品。”孟院士说。

作为中国改革开放以来建筑领域的代表人物之一，孟建民院士始终秉持全方位人文关怀的设计理念，是智慧建筑、节能建筑的探索者，也是当代建筑“健康、高效、人文”属性的倡导者和实践者。

近年来，孟建民院士对中国建筑创作现象进行了反思，他认为形式只是建筑的一部分，不能过分关注形式，而忽略建筑的功能、用途等更本质的东西。

孟建民院士

未来建筑同样如此，外观要考虑对人类自身的影响，要回到建筑的本原，给人类提供更健康、舒适、

小贴士

“双碳”即碳达峰与碳中和的简称。碳达峰指在某一个时间节点，二氧化碳的排放达到峰值不再增长，之后逐步回落。碳中和指通过植树造林、节能减排等形式，抵消掉燃烧石油、天然气、煤等产生的二氧化碳，达到相对零排放。

智慧的生活居所。

众所周知，要达到“双碳”目标，建筑节能是非常核心的部分。孟建民院士认为，建筑师需要对绿色低碳进行持续探索，在推动科技进步的同时促进环境健康和人文关怀。

以屹立于深圳湾畔的万科滨海云中心为例。

万科滨海云中心是锯齿形幕墙。幕墙玻璃都朝向同一方向，这样可以充分保证室内采光效果，玻璃的空气夹层能有效阻挡外界噪声，同时还能避免光污染，隔热效果也特别好。

万科滨海云中心设有透水铺装和种植绿化模块，能把雨水、空调冷凝水收集起来，从管道引流到蓄水池，经过处理后，会回用到绿化浇灌及冷却塔补水环节。

万科滨海云中心以超前的理念，为高端办公提供了人性化服务。办公区灵活多变，办公人员的工位可根据需要自行调整。它在楼层分区上也不走寻常路，不同的楼层有不同的颜色，代表不同的含义，如：13 层以绿色为主色调，以“创新探索试验田”为主题；17 层以蓝色为主色调，以“和谐生态建设者”为主题。

在智慧化技术的支撑下，在绿色低碳发展理念的指引下，未来的房子或许会彻底改变我们的认知。同学们，让我们共同畅想明天的房子更美好吧！

信息卷

人工智能、无人驾驶、元宇宙、量子传输、5G 技术、大数据、芯片、超级计算机……这些搅动风云的热门词汇背后，都有哪些科学原理？中国科学家怎样打破科技封锁的“玻璃房子”，一次次问鼎全球科技高峰？快跟随中国工程院院士孙凝晖遨游信息科技世界，读在当下，赢在未来！

医药卫生卷

近视会导致失明吗？你能发现身边的“隐形杀手”吗？造福世界的中国小草究竟是什么？是谁让青霉素从天价变成了白菜价？……中国科学院院士高福带你全方位了解医药卫生领域的基础知识、我国的科研成就，以及一位位科学家舍身忘我的感人故事。

化工卷

什么样的细丝能做“天梯”？什么样的药水能点“石”成“金”？什么样的口罩能防病毒？什么东西能吃能穿还能盖房子？……中国工程院院士金涌带你走进奇妙的化工王国，揭秘不可思议的化工现象，重温那些感人的科学家故事。

农业卷

“东方魔稻”是什么稻？怎样让米饭更好吃？茄子可以长在树上吗？未来能坐在家里种田吗？……中国工程院院士傅廷栋带你走进农业科学的大门，了解我国农业的重大创新与突破，体会中国科学家的智慧和精神，发现农田里那些令人赞叹的“科学魔法”。

林草卷

谁是林草界的“小矮人”？植物有“眼睛”吗？植物怎样“生宝宝”？为什么很多树要“系腰带”？果实为什么有酸有甜？……中国科学院院士匡廷云用启发的方式，带你发现植物的17个秘密，展示中国的林草科技亮点，讲述其背后的科研故事，给你向阳而生的知识和力量！

矿产卷

铅笔是用铅做的吗？石头也会开花吗？为什么“真金不怕火炼”？粮食的“粮食”是什么？什么金属能入手即化？……中国工程院院士毛景文带你开启矿产世界的“寻宝之旅”，讲述千奇百怪的矿产知识、我国在矿产方面取得的闪亮成就，以及一个个寻矿探宝的传奇故事。

交通运输卷

港珠澳大桥怎样做到“海底穿针”？高铁怎么做到又快又稳？青藏铁路为什么令世界震惊？假如交通工具开运动会，谁会是冠军？……中国工程院院士邓文中为你架构交通运输知识体系，揭秘中国的路为什么这么牛，讲述“中国速度”背后难忘的故事。

石油、天然气卷

你知道泡泡糖里有石油吗？石油和天然气的“豪宅”在哪里？能源界的“黄金”是什么？石油会被用完吗？我国从“贫油国”到世界石油石化大国，经历了哪些磨难？……中国科学院院士金之钧带你全面了解石油、天然气领域的相关知识，揭开“能源之王”的神秘面纱。

气象卷

诸葛亮“借东风”是法术还是科学？能吹伤孙悟空火眼金睛的沙尘暴是什么？人类真的可以呼风唤雨吗？地球以外，哪里的气候适合人类居住？……中国科学院院士王会军带你透过千变万化的气候现象，洞察其背后的科学知识，了解不得不说的科考故事，感受气象科学的魅力。

环境卷

什么样的土壤里会种出有毒的大米？地球“发烧”了怎么办？怎样把“水泥森林”变成花园城市？绿水青山为什么是金山银山？……中国科学院院士朱永官带你从日常生活出发，探寻地球环境的奥秘，了解中国科学家在解决全球性环境问题方面所作出的巨大贡献。

电力卷

电从哪里来？什么东西能发电？电怎样“存银行”？……中国工程院院士刘吉臻带你系统性学习电力相关的科学知识，揭秘身边的科学，解锁电力的奥秘，揭示中国电力的发展历史及取得的辉煌成就，了解科学家攻坚克难的故事，学习他们勇于探索的精神。

航天卷

人造卫星怎样飞上太空？航天员在太空怎么上厕所？从月球上采集的土壤怎样运回地球？从地球去往火星的“班车”，为什么错过就要等两年？……中国工程院院士栾恩杰带你了解航天领域的科学知识，揭开“北斗”指路、“嫦娥”探月、“天问”探火等的神秘面纱。

材料与制造卷

难闻的汽车尾气可以“变干净”吗？金属也有“记忆”吗？牙齿也可以“打印”吗？五星红旗采用什么材料制作，才能在月球上成功展开？北斗卫星的“翅膀”里藏着什么秘密？……中国工程院院士潘复生带你了解材料与制造相关的科学知识，发现我国在该领域的新成果、新应用，展现有趣、有料的材料世界。

航空卷

飞机为什么会飞？飞机飞着飞着没油了，怎么办？飞机看得远，是长了千里眼吗？没有飞行员，飞机能飞吗？未来的飞机长啥样？……中国科学院院士房建成和中国工程院院士向锦武共同带你“解锁”中国航空科技成就，为你讲解航空知识科学原理，给你讲述航空领域科学家的故事，陪你走近大国重器、感受中国力量！

水利卷

水怎么才能穿越沙漠？水也会孙悟空的七十二变吗？黄河水是怎么变黄的？建造三峡大坝时是怎么截断长江水的？水电行业的“珠穆朗玛峰”在哪里？我国在水利方面有哪些世界第一？中国工程院院士王浩为你展示神奇又壮观的水利世界，激发小读者对浩荡水世界的浓厚热情。